NF文庫
ノンフィクション

五人の海軍大臣

太平洋戦争に至った日本海軍の指導者の蹉跌

吉田俊雄

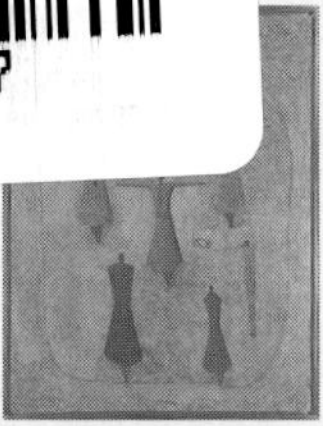

潮書房光人新社

五人の海軍大臣——目次

五人の海軍大臣

——太平洋戦争に至った日本海軍の指導者の蹉跌

序章　五人の人間像

太平洋戦争は、なぜはじまったのか。
そして海軍は、なぜそれを阻止することができなかったのか。
――この、海軍にとってもっとも苦い時代を担当した海軍の最高責任者――海軍大臣は、
永野修身大将
米内光政大将
吉田善吾中将
及川古志郎大将
嶋田繁太郎大将
の五人であった。

永野は、二・二六事件で崩壊した岡田内閣のあと成立した広田内閣の海相となり、約十ヵ月、その椅子にあった。

のち、昭和十六年四月、伏見宮博恭王が軍令部総長を辞任すると、その後任となり、海軍統帥部長として直接開戦にかかわった。

米内は、林内閣、第一次近衛内閣、平沼内閣にわたる約二年半、海相をつとめた。平沼内閣をうけた阿部内閣が倒れると、米内は首相となり、約六ヵ月その職にあったが、陸軍に倒された。

吉田は、阿部内閣の海相として登場した。阿部、米内、第二次近衛の三内閣にわたる約一年間、はたらいたが、第二次近衛内閣成立約一ヵ月後、病を得て辞任、及川と交代した。

及川は、約一年間、海相の席にあった。その間、山積する難問題の処理に苦慮するうち、近衛公が内閣を投げ出し、思いもよらぬ東條内閣が出現、嶋田に海相のお鉢が回った。

結局、海軍として、最終的に開戦決意をするのは嶋田になったが、そのとき、

「もうここまできたら、決意するほかないではないか」

といったかれの言葉は、どう読めばいいのであろうか。

及川は大臣をやめた一年あと、軍事参議官兼海軍大学校長になった。その昭和十八年のある日、かれは、京都帝国大学の高山岩男《こうやま》（哲学）教授たちの協力を得て、海軍教育を反省した上で新教育方針をきめようとした。

「日本が米英を敵として戦うようになった主因の一つは、わが陸海軍の教育がもっぱら戦闘技術の習練と研究に努め、政治と軍事との正しい関係とは何か、どうすれば正しい関係が得られるか、などについての教育を顧みなかったことにある。これを深く探究し、文武の新しい統合の道を打ちたてないかぎり、日本は救われない。この統合の道――政治哲学を将来の軍人教育の基礎におかねばならないが、そのため、お力をぜひ貸していただきたい」

深刻な表情で、及川は頼んだという。

――この反省は、「作戦」の面から富岡定俊少将（開戦前から軍令部作戦課長、終戦近く軍令部作戦部長）が、戦後、書き残したものの「政治版」といってもよい。

「いま一番痛感しているのは、太平洋戦争を顧みて、日本軍には『作戦研究』はあったが『戦争研究』がなかったということである。私たちは『軍人は政治に関与すべからず』というシツケを、いやというほどたたきこまれてきたが、『これはしまった』と今でも痛感する次第である。なぜ『しまった』かというと、陸軍はさほどではないが、海軍はことさらサイレント・ネイビーに徹することを心がけて、政治にたいし、すっかり臆病になってしまったからである……」

及川と富岡。

いわば海軍の知性を代表するトップレベルのこの二人が、立場が違っただけに言いかたは違うが、ほとんどおなじ内容の反省をしていることは、貴重である。

いずれも、海軍の教育が、「術」（テクニック）に走りすぎ、基本となるべき「哲学」や

「史学」、ないしは「政治」をなおざりにしてきたことへの、苦すぎる反省である。

この人たち、それを補佐したスタッフたち、そして、それに対応する陸軍のトップとスタッフたち――どの人をとっても海軍大学校、陸軍大学校をすぐれた成績で卒業したエリートたちだったが、では、かれらは、何を考え、どうしようとしたのであろうか。

――これは、満州事変からはじまって太平洋戦争開戦にいたる十年のうち、二・二六事件以後五年間の日本にとって不幸な日々を、海軍の側から、海軍の目で追ったものである。いわばこれはいくつかの台風による巨大なうねりがぶつかりあい、発生した三角波と格闘し、ついにそこから脱出しえなかったアドミラルと、そのスタッフたちの敗北の記録である。

永野修身

「この顔で、私も昔は、星だ、すみれだといっていたものだよ」

昭和四、五年にかけての海軍兵学校長時代、そのとき兵学校生徒だった子供みたいな私をつかまえて、永野修身《おさみ》（海大8）中将は笑ってみせた。

この顔、というのは、容貌魁偉《かいい》という言葉そのまま、どことなく愛嬌もあるが、いちど見たら忘れられることのない、得《とく》な顔を指していた。

かれは四国の高知、坂本竜馬の土佐の産。薩長土肥といわれ、明治維新でも活躍した「武」と進取の気象を尚《たっと》ぶ土地で育った。

青年のころ、清水の次郎長に傾倒し、弟子入りしようとしたことがあり、そのくらい、任俠というか、感激性のつよい男気といったものを、多量に持ちあわせていた。また、俊敏で、積極的で、創造的意欲に充ち、ロマンティストで名文家でもあり、愛すべき文学青年の面もあった。

明治三十三年十二月卒業の海軍兵学校二十八期生（百五名）として、二番の好成績で卒業した。のち、首席の波多野貞夫が火薬のスペシャリストになり、技術畑に進んで兵科将校から外《はず》れたため、幸運にも永野は自動的にクラスの首席になった。

海軍では、首脳の後継者、ないし上級指導者の養成策として、「計画人事」を昔からつづけてきた。それは、用意された数少ない「特別あつらえのエリートコース」であり、そこでは首席の者がトップの位置を動かされぬまま、大手を振っていつも先頭を切る。しかもそのコースを、かれは、周囲の目をおどろかす実績を立てつつ、大股で突き進んだ。

初陣は、明治三十七年八月。乃木第三軍司令官の指揮下で、ロシアの旅順艦隊戦艦群を砲撃した海軍重砲隊中隊長としてであった。

旅順港内に隠れているロシア戦艦レトウィザンとペレスウェートに向かい、十二センチ砲の間接射撃を加えた。地図の上の話だが、大きな碁盤の目をスッポリと敵艦の泊地にかぶせ、砲の仰角と旋回角を少しずつずらし、目の一つ一つをつぎつぎに撃っていく。永野中尉が考えたといわれるが、直接その目標も見ずに撃った一弾が、なんとレトウィザンの前部水線付近に命中して大穴をあけた。浸水七百トン。永野の大ヒット、大幸運であった。

泡を食ったロシア艦隊は、翌八月十日早朝、ウラジオストックに向け旅順を出港した。そして途中、東郷艦隊と出会い、有名な黄海海戦となる。

東郷艦隊は戦闘中に判断を誤り、危うくロシア艦隊を取り逃がしそうになった。もしかれらをとり逃がしてウラジオストックに逃げこまれていたら、日露戦争に日本の勝ち味はなかった。

手に汗握る長時間の全力疾走のうち、前をゆくロシア艦隊の速力が急に落ちた。夜になったら、万事休す。もうダメかと諦《あきら》めかけていた東郷艦隊は、ついに追いついた。そしてここぞと急射撃を浴びせ、危機一髪の瀬戸際を脱して勝つことができた。

あとで調べてみると、九日、永野中尉に撃たれた大穴を応急修理して隊列に加わっていた戦艦レトウィザンが、長時間高速で走ったせいで修理個所が破れ、速力が出せなくなった。そのためにロシア艦隊がスピードダウンしたことがわかった。

永野の強運の一発が、日本を救ったのである。

かれには、「強運」がついてまわっているようだった。

その後、大尉のとき、艦隊が台湾の馬公に入り、かれは旗艦「橋立《はしだて》」で当直将校に立った。

「当直に立つときは、いつも交替時間の五分前にその場にいって、その情況で起こる可能性のあるいろいろな場合について最悪の場合を想定し、対策を心づもりしていた。急に突風が吹いてきたらどうするか、兵隊が海に落ちたら、ボートが転覆したら、などとあれこれ考えているうち、何やら、ふと、すぐ近くに停泊している二番艦『松島』が火災を起こしたらどうすべきか、と思い浮かんだ。ふつう、他の艦船が火災を起こした場合は、艦内の部署によって防火隊を派遣することになっている。だが、こんな目と鼻の先に艦がいて、火事を出した場合、とにかく一刻も早く人手とボートを送ってやるのが大事で、手押しポンプやボート用のコンパスを揃えて行くのが大事ではない。つまり、他艦船火災、防火隊派遣の号令ではなく、総短艇撓漕《とうそう》の号令をかけるべきだ、と考えた」

そうしたら、なんとその「松島」が現実に火薬庫爆発を起こしたのである。もちろん永野大尉は、「総短艇撓漕」の号令をすぐにかけた。「橋立」のボートというボートはかけ声もろともフルスピードで「松島」に駆けつけ、火を避けて海にとびこんだ連中を救い上げるやら、沈む艦から脱出する者を拾うやら、大車輪の働きをしてのけた。

艦隊の他の艦船が、「他艦船火災・防火隊派遣」の号令をかけ、消火用の七ツ道具を揃えてボートにのせ、人員を点呼し、そして「松島」に到着したときには、「橋立」のボートで救出作業はあらかた終わっていた。永野の名声が、またあがった。

海大を出ると、米国駐在、そして駐米大使館付武官。山本五十六とおなじふうで、アメリカ通である。ジュネーヴ軍縮会議、第二次ロンドン軍縮会議には、どちらも日本全権として出席した。

それまでにも、大尉時代、軽巡洋艦で本格的な一斉打方《いっせいうちかた》（各砲が「打て」の号令で一斉に引金を引く射ち方）という効果の大きい新射撃法をはじめて使ったり、大佐時代には人事局でアメリカ式人事管理方式による人事考課法をとりいれたり、中将では海軍兵学校にアメリカの最新のダルトン・プランを教育法として採用したりした。

ダルトン・プランは、かれの新機軸のうちでも白眉といえた。

「兵学校教育が形式に走りすぎて、一方的に鋳型に鋳込む教育になってきている。兵学校生徒は、将来日本海軍の中枢となり、国運を左右する立場に立つ。標準化、規格化教育も必要だが、それ以上に、生徒一人一人を積極的、自主的にものを考える、創造性に富んだ人材に仕立てあげなければならない。それには、生徒が受け身一方になってしまう強制注入教育をやっていてはいけない。生徒は自学自習によって能動的に勉学をすすめ、教官はそのよきアドバイザーとならねばならぬ。それには、ダルトン・プランがもっとも進歩しており、適当しておる。いくら私が新しいもの好きだからといって、そんなことで海軍百年の基を築く教育方針を変えてよいものではない」

永野校長の新しいもの好きが、またはじまった——というような陰口を耳にして、私は日曜日の外出時間に校長官舎を訪ね、直接校長の話を聞きに行った。二年生のときだったか三年生になってからだったか思い出せないが、一生徒の質問に、中将の校長が機嫌よく答えてくれたものであった。

考えてみると、兵学校教育の特徴は、選抜した旧制中学校卒業生を、三年か四年の間に標準的海軍初級士官——部下を持つ一本立ちの軍隊指揮官に変身させ、それに必要な人格と知識と体力を一人残らずに持たせなければならぬところにあり、そのためには、有無をいわさぬ強制注入によって鋳型に鋳込むのがもっともてっとり早く、効果的であったのだろう。

のちに、山本五十六（海大14）連合艦隊司令長官が、最高のブレーンとして選び抜かれてきた司令部幕僚を前に、ひやかした。

「君たちに質問すると、いつでも皆おなじ答えをする。顔が違えば考えが違っていいはずだが、黒島君だけではないか、違った答えをするのは」

黒島亀人（海大26）先任参謀を山本が重用した弁だが、幕僚たちは、あとで口を尖らせ、先任参謀への皮肉ともとれる反論をしたものだ。

「兵学校、大学校と、おんなじことを詰めこまれ、思想統一されてきた。だれに聞いても、おなじ答えをするのがあたりまえだ。違った考えをしろといわれても、ふつうの頭の持ち主だったら、できるはずないさ」

また、このあとにも出てくる、ちょっと信じられないような評言の、

「何某は意見を持たないから」

というのも、その系列の一例である。

永野はそれを、十数年前に憂慮して、対策を講じようとした。もしこれが、かれの意図どおりにその後も続けられていたら、中堅以下の海軍士官の物の考え方は大きく変わり、柔軟で、自主的で、創造的な人材が輩出していたろう。

だが、現実には、一年半あまり新教育法をつづけたが、永野の軍令部次長転出とともに立ち枯れてしまった。

教育法を根底から変えるにしては、準備がたりず、想像《イマジネーション》が先行したためでもあった。

永野の創造性、積極性とロマンティシズムによるのでなければ、とてもふつうの頭では実

行に移すことのできない教育の大改革、ともいえた。

それにしても、海軍大臣になった五人のうちに、永野のほか、クラスヘッドが一人もいないこと、さらに山本権兵衛から嶋田繁太郎までの十三人の海軍大臣のうちに、山本権兵衛を除くと鹿児島出身者が一人もいないことはどういうわけだろう。

一方的詰めこみ教育による最優等の学校秀才は、海軍大臣に向かないのか、鹿児島産の熱血軍人もまた適しないのか。それともまわりあわせで、たまたま手近なところにその人たちがいなかったのか。

米内《よない》光政

米内光政の人間像を知るには、かれの横須賀鎮守府長官時代の参謀長であり、二度の大臣時代の軍務局長と次官をつとめた井上成美（海大22）の言葉が、もっとも当たっているだろう。

「米内さんに仕えたものは、だれでも自分が一番（米内さんに）信頼されているように思いこむ。これがまさに将たるものの人徳というべきものだろう。

米内さんは包容力がきわめて大きい。あるとき、君はおれがなんでもメクラ判を押すと思っているだろう。そうじゃないのだよ。私が第二艦隊長官のとき、艦橋で三木（太市）参謀長（海大18）を怒鳴りつけたことがある。私は、委せるところは委せるが、委せられないこともある、といわれた。

米内さんは、清廉潔白で貧乏しておられたが、貧乏くさいところがすこしもなかった。また、しんはまことに誠実な人だと思う。終戦ですっかり神経をすり減らして、早く亡くなられた」

ほとんどこれでいいつくしている。

米内が他の四人の海軍大臣ときわだって違っていたところは、かれが実務家でも官僚でも学者でも切れ者でもなく、多数の部下を持つ大部隊の指揮官・統率者の典型――軍人らしい軍人であった点だ。私心のない、水晶のように清明正直な人だという評者もある。

「僕はね、クラスの者から〝グズ政〟といわれていたよ。僕は議論してもウマくいえないし、また議論なんかしてもはじまらぬと考えていたので、議論しなかった。しかし、結果はわかっているので、僕は自分の信ずるところを実行した」

終戦二年後、かれは、かつてかれの副官をした小島秀雄少将に述懐した。

また、昭和三、四年、米内が司令官として揚子江警備艦隊を指揮したとき、首席参謀で一年間米内を補佐した岩村清一中将は、

「米内さんは、口には出されないが、腹の中には一定の方針を持っておられ、その本旨に反しないかぎり、部下のやろうとするところは自由にやらせていた。つまり、重要な点は見逃がさず、大局をしっかり摑《つか》んでいた」

と回想し、理想的指揮官像を現実化したような米内の姿を、浮き彫りにした。

つまり永野が、クラスのトップで、坂本竜馬の現代版のような姿勢で、創造性と積極性を

発揮しつつ、陽をいっぱいに浴びて闊歩《かっぽ》し、あるいは目的に向かって風を巻いて駆けてゆくのにたいし、米内はクラスのまんなかからちょっと下の成績ながら、黙々として旗艦の艦橋に立ち、大局をとらえ、その包容力と判断力と推進力によって一糸乱れず大艦隊を指揮し、祖国を盤石の安きに置く、といった風情であった。

米内は海大（海大12）を出ると、少佐で露国駐在（第一次世界大戦開始六ヵ月後）、二年間ロシアにいて帰国、翌年（大戦終結の年）ふたたび露国出張（約五ヵ月）、大佐でドイツ駐在、約一年半そこにいて、ひきつづきポーランド駐在、少将で第一遣外艦隊司令官（揚子江警備）を約二年、中将で鎮海（朝鮮半島南西岸）要港部司令官を約二年、そして第三艦隊司令長官（中国警備）を約一年経験した。

大学校を卒《お》えたのち三艦隊長官をやめるまでの約十九年間に、外国勤務に出ていた期間が約十年。一年の半分強を外国で暮らしていた勘定になり、これは長い。

さらに、かれの外国勤務には特徴があった。勤務地がロシア、ドイツ、ポーランド、中国、朝鮮。華やかさに欠けた、どちらかといえば裏街道を歩くうち、ロシア語、ドイツ語、中国語を読み、とくにかれの漢籍への造詣《ぞうけい》の深さには定評があった。

また、大尉のとき（明治四十四年）、「利根」砲術長としてイギリスに回航、日英同盟のパートナーであるジョージ五世の戴冠式に参列した。

「七つの海に君臨し、ユニオンジャックに日は没しない」

とうたわれたころの繁栄を、目のあたりにした米内大尉は、イギリス海軍の威容と、絢爛たる王室文化と、世界経済を支配する底力に大きな衝撃をうけたのではなかろうか。

海相時代に起こった三国同盟問題でも、かれの目のつけどころは違っていた。実際にロシア、ドイツ、ポーランドを歩き、ヒトラーの著書『マイン・カンプ』を、日本人不信を露骨に示した部分を削って出版された邦訳書でなく原書で熟読し、以来、ヒトラーを信用するのは危険だ、ドイツは強国ではない、日本はイギリスと戦ってはならない、世界の孤児となって生きていけなくなるだけだと、繰りかえし強調しつづけた。

三国同盟反対の三羽烏といわれた山本五十六次官は、アメリカ勤務が長く、二回にわたり軍縮会議に出席して英米の手のうちを見透し、その上でアメリカとは戦争してはならぬといい、もう一人の井上成美軍務局長は、スイス駐在、ドイツで第一次大戦の終戦処理に従事したのちフランス駐在（この間三ヵ年）、イタリア在勤武官（二ヵ年）を通じてヨーロッパ諸国を展望し、イギリス、アメリカを敵とすることはもちろん、そもそも日本は戦争してはならない、と説いた——戦争してはならない、というところは共通していても、三人の論拠にはそれぞれ微妙な違いがあったことは、おもしろい。そして、やがてこの三人は、日独伊三国同盟締結に反対し、その主張を貫きとおすのである。

米内がまったく私心のない人であるとすることには、だれも異論がなかった。そして、かれの大局のつかみかたの確かさ、視野の広さも、また知る人ぞ知る、であった。

これには、天性もあったろうし、前記の経歴もあったろうが、もう一つ、鎮海要港部司令官という、十目の見るところ「クビ五分前」のポストに、二年間坐りつづけさせられたことも大いに役立った。

鎮海というところは、当時、陸の孤島といった風情があり、なんとも閑静すぎた。「鎮海に二年、佐世保に一年、横須賀に一年というように、官邸でやもめ暮らしをしている間に読書のくせがついた。とくに、鎮海要港部司令官という閑職時代には、書物を読むのが何より楽しみであった。そして、いま海軍大臣の仕事をするのに、それが非常に役立っているように思われる。人間というものは、いつ、いかなる場合でも、自分のめぐりあった境遇を、もっとも意義あらしめることが大切だ」

米内が、大臣のとき、大臣の博学に舌を巻いた秘書官の実松譲（海大34）中佐が質問するのに答えた言葉である。

閑職、というより「クビ五分前」のポストに二年間も坐らされ、そこで本を読み思索する願ってもない「好機に恵まれ」た者は、他の四人の海軍大臣にはいなかった。かれらは、いかにも実務処理にたけた官僚軍人のエリートらしく、あちこち席の温まる暇もないほどに重要配置を動きまわって、それどころではなかった。

米内が剛腹な面を持っていた、とされるのも、確信するところは何があろうと粘りづよく繰り返し繰り返しして貫きとおす、東北人の頑固ともいえる態度と決意——思索の果実にたいする自信を持っていたからであろう。

もう一つ、米内についての特異な点は、頭のよい実務家たちが、それはソンだと上手に身をかわし、そしらぬ顔をするリスクにたいし、それが必要と考えれば、リスクがどんなに大きかろうと、まっすぐに表情ひとつ変えず、取り組んでいったことである。

あの三国同盟締結促進の大合唱の中で、テロをもって脅かされながら、所信を変えず、淡淡と締結反対を貫いたかれの姿勢、そして終戦成立のため、陸軍の絶対反対を押し切って日本をそれ以上の大破壊から救ったかれの行動は、おそらくその資質の結晶であったろう。

藤田尚徳（海大10）大将は、

「米内は国のために残しておかねばならぬ」

と前々からいっていたし、岡田啓介（海大12）大将も、

「野村吉三郎と米内光政は大事にせんとねえ」

とくりかえした。

やはり、見る人は見ていた、というべきか。

国の危急のときに国を背負ってもらわねばならぬ人は、大勢いたソロバン高いお利口さんではなく、米内のような、哲学を持って動じない無私の人でなければならなかったのである。

吉田善吾

平沼内閣をうけた阿部内閣に、海軍は、大臣に吉田善吾（海大13）中将、次官に住山徳太郎（海大17）中将、軍務局長に阿部勝雄（海大22恩賜）少将を送った。

吉田善吾は、佐賀出身。少年のころから品行学術ともに抜群で、頭がよく、緻密なことで有名だった。寡黙で、飾らず、村夫子然としたところがあり、さすが葉隠れの里の出身でもあって、古武士の風があった。

実松譲大佐が、著書『最後の砦』に、興味深い話を書いている。永野修身、吉田善吾と二代の連合艦隊長官の参謀をつとめた池上二男（海大34）大佐の、二人の長官の比較論である。

「永野長官のときには、小沢治三郎（海大19）参謀長が長官を奉って、すべてを切り盛りしていた。永野さんは『そうか、そうか』と、全部を参謀長に委せきりだった。しかし、吉田さんの長官時代は、長官がみずからイニシアチブをとるというやりかたで、永野さんの時とはまるで対蹠的《たいせきてき》だった。

たとえば司令部の食事だ。司令部の食事は長官と幕僚との間の意思の疎通を図るのに打ってつけの機会だが、永野時代には、小沢参謀長が食卓での話をリードし、永野長官は黙って聞いていることが多かった。だが吉田長官は、みずから話題を提供してリードした。しかも、その話題は、職務とか作戦とかを中心とした艦隊の任務遂行に関するものが多く、世間話などはほとんどなかった。

たしかに、吉田長官のやりかたは、イギリス、アメリカの海軍のやりかたとおなじだった。つまり、長官は、みずからイニシアチブをとり、幕僚を手足として使ってこれを実行させるのだ。日本海軍では、万事を参謀長に委せ、自分はヌーボー然としているのをエラい長官といい、部下の評判もよい、という風潮があった。吉田さんは、このタイプの長官ではなかった。

吉田さんは、頭の回転の早い人だった。幕僚の起案したものは、まっ赤になるほど色鉛筆で訂正される。文章はむろんのこと、テニヲハまでも直された」

池上参謀は、そこで、直されたものを読み直し、自分の原案とくらべ、たしかに原案よりもはるかに立派なものになっていることを発見して驚く。

「原案の内容をよほど理解していないと、こんな芸当ができるはずはない」

長官の頭は、大きいだけかと思っていたら、あれに中味がいっぱいつまっているのだ。

「これじゃ、かなわんわけだ」

と舌を巻いたというが、そこまで思い及ばぬ者は、悪口をいった。

「実にやかましいオヤジだ」

「小言幸兵衛に軍服を着せ、特別あつらえの軍帽をかぶせたようなもんだ」

ともかく、そんなふうで、部下からの吉田の評判はだいたいのところよくなかった。

なお、二言目には出てくる帽子の件だが、どういうわけかかれは頭が大きく、ふつうの帽子では間に合わず、軍帽も中折れも特別あつらえだった。中折れ帽ならいいが、軍帽を海に落としたり、風に飛ばされたりしたらたいへんだ。他のだれの帽子も合わないから、自分の艦に帰るまで、無帽でいなければならない。服装違反になるのはともかく、みっともないことこの上ない。

だから、吉田が帽子をたいせつにすることは、類がなかった。

吉田のように、頭がよくて仕事ができ、性格が緻密誠実で完全主義者——部下から見ると「稀代のやかまし屋」は、こんな小さな日常行為の特徴が、必要以上にイメージを悪くするものだ。

大臣になっても、起案文書がスタッフのところに返されてくると、赤青の鉛筆でいっぱい直されて、原文が見えなくなっていることがよくあった。

連合艦隊長官ならばまだいいが、大臣がこのように仕事を抱えこんだら、どんなに頑健な者でもたまらない。

米内時代は、大臣の仕事のほとんどを山本次官が引き受け、大臣はただめくら判を押せばいいようにお膳立てをした。井上軍務局長のところで、まずふるいにかけ、さらに山本がふるいにかけ、米内のところまでいく案件は、大臣みずから判断を下さねばならぬものだけに絞られていた。ただ米内が「見た」という印だけすればいいものもあった。

軍務局長は、このようにして、事務当局をたばねて大臣（次官）を補佐し、次官は女房役として大臣を直接補佐する。このトリオがうまくチームワークをとりつつ回転することで、海軍の軍政機構が円滑に機能する。

吉田を次の大臣に推薦するとき、山本は米内に次官留任を願い出た。

「吉田は私のクラスメートで、長所も短所もよく知っています。私は次官として吉田を補佐したいと思います」

それまでの経過から、山本は、時局と吉田の性格の対比に危機感を抱き、大臣・次官が同じクラスという異例の事態になっても、次官による大臣への強力な補佐、補強をしなければならないと判断したのであろう。

結果からいうと、山本の予感というか危機感は、こわいほどに適中した。

山本の次官留任は、実際では米内が許さなかった。

「山本を次官に残すと、あれの命が危ないと思った。山本は、国のためにもっと働いてもらわなければならない。そんなことで、あれを死なせてはならんと考えたのだ」

こうして、山本は連合艦隊司令長官として海上に出た。日本の、一つの運命の転機であった。

吉田自身は、古賀峯一（海大15）中将を次官に希望していたらしい。だが、古賀は、あいにく第二艦隊司令長官に内定していて、動かせなかった。そこで、古賀のクラスの住山徳太郎中将を海軍兵学校長から引きぬいてきた。

住山は大佐時代、五年間も侍従武官を勤めた温厚な紳士で、まじめで実直で、「女子学習院長」とかげ口をたたかれたほど端正な人物であった。

「女子学習院長じゃ、鉄火場の次官は勤まりませんぜ」

内報を聞いておどろいた新聞記者が山本に質問したが、山本の答えは、山本らしくなく歯切れが悪かった。

「いや。海軍は、ちゃんとした方針のもとに動いているから、だれが来ても変わらんよ」

はっきりいって、この人事は大失敗であった。

吉田が大臣の椅子に坐った翌日には第二次世界大戦がはじまり、ドイツは、大編隊の飛行機と多数の機甲部隊をリンクさせた、いわゆる「電撃戦」で、世界をアッといわせた。それにつれて海軍部内の親独派が動きだし、陸軍と気脈を通じて三国同盟の締結、あるいは仏印進駐を高唱しはじめ、その統制がひと仕事になってきた。

米内三羽烏に押さえられていた親独急進派が意見具申にくると、住山次官は、

「わかった、わかった」

と手を振り、吉田のところに行かさなかった。

そのうち、次官に言ってもだめだとわかったのか、次官をとび越えて直接大臣のところに意見を持ちこんでいった。

米内であれば、そんなことは次官に言え、といって突っぱねるが、吉田はつっぱねなかった。抱えこんでしまった。つまり、次官が次官として機能しないから、大臣も大臣として働けない。

結局、吉田は一人で仕事を背負いこみ、一人で悩み、一人で苦しんだ。タバコの量がふえた。それもあって胃を悪くするのだが、四年あまり前、かれが軍務局長を二年勤めた間に悪くした胃を、さらに悪化させてしまうのである。

その前から吉田は、姿勢が悪く、前こごみで、胃の不快感をいつも押さえているというふうだった。この悪い姿勢は、大臣になると、さらに悪くなった。

日本にとってもっとも重要なときに、海軍大臣が健康を害し、入院し、そのまま辞任、あ

わてて、事務引き継ぎもまともにできずにピンチヒッターに立った及川新大臣の目の前に、日独伊三国同盟案がドンと置かれ、やむなく「原則的に」賛成というと、松岡外相はそのまま折衝を急いで二十日間で調印してしまった。そのようなおどろくべき方法で、それまで海軍が反対しつづけてきた三国同盟を成立させた——その機を逃さなかった人たちのすばしこさを感嘆すべきかも知れないが、そんな事態を招いた海軍の油断にも問題があった。

ともかく、ここのところの狂いが、戦争に訴えざるをえなくした大きな理由の一つを作った、といえるだろう。

井上成美の吉田評は、こうである。

「なかなかできる人だけれども、少しまじめ過ぎてね。大臣になったときには陸軍が横暴をやるのを押さえきれなくて、だいそれたことをしちゃったと思ったらしく、ノイローゼになった。少し気が小さくて、まじめで温厚な人です。事務なんかは非常に練達だけれども、大臣とか司令長官としては少し器が小さいんです。それで下の者があまり喜んでついていかない。人柄が細かすぎるんです。大事なことは、幕僚が何といおうがピシャッとやるべきです。ところが、放っておいてもいいようなことまでやりすぎると、幕僚も腕が発揮できないのでつまらないという気持ちになるでしょう。これはやはり、悪くいえば人使いが下手というか気が小さいというか、大人物じゃなかったんですね」

及川古志郎

及川古志郎《おいかわこしろう》（海大13）は、米内とおなじ岩手の産。口下手、寡黙、重厚なところは米内と似ていたが、米内がドイツ、ソ連、ポーランド、中国に勤務してそれぞれの国情に通じ、情報関連の勤務をとおして、視野広く、かつ客観的な国際情勢判断をなしうるまでのバランス感覚を持つようになっており、それでいて武人肌の、第一級の統率者であったのにたいし、及川は七年間も東宮武官をつとめあげ、軍令部作戦部（課長と部長）、海軍兵学校（教頭と校長）、支那方面艦隊（三艦隊長官と支那方面艦隊長官）などを往き来した、折り目正しい人格者で、文人肌の軍令系統の人であった。

なかでも及川を特徴づけたのは、かれの漢学への素養の深さであった。漢籍への造詣の深さでは、米内も群を抜いていたが、米内がそれを人生の師としているようにみえたのにたいし、及川は学者であった。仕事は部下に委せ、無心に漢籍に読みふける日も多かった。

井上成美は、支那方面艦隊参謀長のとき、航空本部長のとき、及川を直属上司として勤務しているが、かれはいう。

「及川という人は温厚篤実な人で、支那学の大家だけれども判断力がないんです。支那学というものは、そういうものらしいですね。中国人にはロジックがないんです。漢文を読んでみてもそうですね、結論ばかり出しちゃって、その間にこういうわけだからこうなるというようなことは、考えるのが嫌いらしいですよ。及川さんもそうです。それでも結論がよくて、理屈をいわないでぴしゃっと判断する人なら、それは結構ですよ。その力がないんです。結局、ロジカルな訓練をしないいんです。あの人は支那の本ばかり読んでいるんだ。だから、支那学はたいしたもんだ。支那の学者を相手にそういうもののディスカッションをやっていると、非常に楽しいらしいんです。司令長官のときもそうなんです」

井上の人物評は、基準を置く位置が高く、自分で「私はラジカル・リベラリストだ」というほどラジカルだから、何もかもかれのいうとおりだとは言えない場合も多いが、かれを知る人のいう「氷のように冷たい」ながら、観察の鋭さには目を見張らされる。及川についても、かれの本質は「学者」であり、それも学問そのものを楽しんでいる——いわば、学問のための学問をしていた様子が、いい当てられている。

実は私も、及川大将の汽車旅行のお伴をしたことがある。座席に坐るやいなや二、三冊の薄い和綴じの本をとりだし、読みはじめる。そっとのぞいてみると、漢字ばかりだ。

「見るか?」

と一冊渡されたが、返り点も、一、二、三もついてない。とても私の手に負えないので、そういって返したが、

「ウン」

といって受けとると、すぐに漢籍に没入する。

いかにも楽しそうで、窓外の風景などには目もくれない。それでいながら、私がときどきごそごそしたり、なにかするのを迷惑そうにするでもなく、いかにも柔らかい感じで、こちらまですっかりリラックスするような雰囲気であった。

「楽しむとは、こんなものなのか」

ひとつ勉強した、と思ったものだ。

冒頭にのべた、新しく政治哲学を軍人に教育しなければならぬ、という発想も、いかにも学者・及川の面目躍如、といったところだ。それも、積極的、攻撃的に取り組むのではなく、温和で学究的な姿勢で、である。

こんな温和で学究的な人物を、吉田善吾は、かれ自身、中途で病に倒れねばならないほど緊迫した、重大な時局を背負う大臣に推薦した。平時ならばともかく、この場合、どう見ても適材適所とはいい難い。及川としてみれば、不運としかいいようがない。ことに、就任直後、三国同盟条約案をつきつけられ、早速の決断を求められたことなど、その最たるもので、前任者の引き継ぎも受けられず、白紙のままだから、なおさらだった。

しかし、南部仏印進駐を境に、かれの姿勢がすっかり変わった。それまでは、軍務二課長石川信吾大佐を信用して、進言をそのまま採用するようにして進めてきたが、進駐すると、たちまち石油の輸出禁止に遭い、事態は急転直下。天皇からはお叱りを受けてしまった。天皇がまだ皇太子のころ、七年間も東宮武官を勤めた及川だった。ショックの大きさが察しられる。その後のかれは、人が変わったように、戦争回避に懸命になる。九月六日の御前会議での及川の行動など、かれを知る者が言葉を失うほどのひたむきさが見えたという。

及川は、東京裁判で述べているところからすると、三国同盟問題で、米内—吉田路線、つまり三国同盟締結反対の方向を、踏み外してはいなかった。

「ドイツ、イタリアおよびソ連の結合勢力を背景とする新政策それ自体は、いちおう了承せるところであるが、さらばとて独伊との三国同盟締結ということは、あるいは対英米戦を誘発するおそれもあるので、これを実行に移すには、もっとも慎重な考慮を必要とする案件であると考えた。とくに自動的参戦の義務を負うことにたいしては、絶対反対の態度を堅持した」

これでは歯切れが悪い。米内―吉田の絶対反対論から、トーンダウンしている。しかも、「あるいは対英米戦を誘発するおそれもある」と認めても、それだから三国同盟締結に反対しようとするのではなく、「もっとも慎重な考慮を必要とする案件」だと考えている自動参戦条項が外れたから、反対する論拠がなくなった、ともいう。

及川の性格であろうか。井上成美が、

「支那学の大家だけれども判断力がないんです」

と評するのは、いいすぎにしても、世界の中の日本を見据えて、こうすべきだと固く決意したはずが、なにやらここで腰砕けになったふうである。三国同盟早期締結を叫ぶ世論と陸軍の声を、『史記』に描かれた項羽のように、四面楚歌と聞いたのだろうか。

それればかりではない。「もっとも慎重な考慮」を払おうというその及川のテンポが、杜甫や白楽天の詩を口ずさんで仙境に遊ぶテンポに近かったのではないだろうか。

着任翌日の連絡会議で及川が「原則的同意」と答え、あとゆっくりと研究して諾否を回答するつもり――だったろうと推察される応対をしたものを、まるで生き馬の目を抜くようなすばしこさで、それ、海軍が賛成したと松岡外相に利用されたのが証拠である。

そして及川が選んだ海軍次官――かれの直接補佐役、いわゆる女房役の豊田貞次郎（海大17首席、海兵33首席）中将が、和歌山出身のものすごい切れ者で、頭の回転の早い大秀才。性格的に及川のま反対――よく気がつく上に、派手で、表現力豊かで、これ以上ないほどの練達の事務官僚であった。おそらく及川は、自分の欠点を補うための畢生《ひっせい》の人事をしたのであろうが、まもなく、

「豊田大臣、及川次官」

と称せられるまでになってしまった。つまり、豊田が大将になり、予備役になって本物の大臣（商工大臣）に転ずるまでの七ヵ月間は、及川の判断と行動ははなはだ秀才事務官僚的なものにみえたが、それは当然のことであった。

豊田は松岡外相と近かった。松岡のいうことを、う呑みにちかいほど信じた。三国同盟問題についても、松岡の説明によって、平沼内閣当時、米内三羽烏が反対した問題点は、こんどのドイツの申し出によってことごとく解消した、と判断した。賛成する以外の選択はありえない、と考え、すこしも疑わなかった。

法律万能主義的考え方であった。すくなくとも、世界の中の日本を見据える、広い視野からの洞察ではなかった。

嶋田繁太郎

「大臣の器にあらず」

と井上成美に烙印《らくいん》をおされたのは、及川と嶋田の二人であった。

「それは大臣の責任です。人事がいけないんです。人事として、なぜ及川古志郎を海軍大臣に置いたかということですね。というのはね、吉田善吾、あれが自分のあとに及川を推薦した。それから及川は、嶋田繁太郎《しげたろう》（海大13）を大臣に出した。その人事は、三人でぐのぼうが並んでおりますよ。みんな後任者に、自分の頭に浮かんだやつを推薦しているんですよ……」

辛辣な評だが、そうすると、吉田を海軍大臣にした米内も、井上流にいえば、少なくとも人事に関してはでくのぼうだということになるが、そうなるのは当然のことだった。

ふだん、人をそのような面から評価しようとする習慣が、海軍にはなかった。人事局に委せっきりにしていた。兵学校は、二十人に一人とか、三十人に一人とかいう率で、大勢の志願者から優秀な人材を選抜し、それを画一的強制注入教育によって、規格品に作りあげた。個性教育は意識して避け、個別の意見は持たせないように注意した。

作戦研究、戦闘技術の習練に没頭させ、一般的にいえば、どの人をどのポストに置いても、それによって、たとえ一時的にでもその軍艦などの戦力が低下しないように努めた。そして、人の評価基準も、その見地から定めた。昇進も配員も、その方向から行なった。

「海軍大臣に、だれを充《あ》てるか」

そんなことを考えに入れた長期人事計画はなかったろう。

「海軍大臣はどんな職責をもつのか」

そんな分析も不十分であった。及川、嶋田はそれを誤解していた。海軍大臣は海軍のことに責任と権限をもっているが、海軍以外のことにわたる場合は、総理の権限が必要だと考えていた。だから及川は、かんじんなときに言った。

「総理一任――」

嶋田は、東京の産。及川の一クラス下だが、おない年だ。山本五十六、吉田善吾、塩沢幸一、堀悌吉と同じクラスで、四人の大将を生んだ優秀クラスである。それも山本、吉田、嶋田は、三人いっしょに少将になり、中将になり、大将になりしたから、壮観だった。

「嶋ハンはおめでたいんだから」

というのは、クラスメート山本の嶋田評だ。

たしかに嶋田は、人がよく、上の人に評判がよく、とくに伏見宮博恭王のお覚えめでたかった。伏見宮が海軍の長老として、昭和七年から十六年四月まで九年間も軍令部長（のち軍令部総長と呼称が変わる）の椅子に坐りつづけ、トップ人事には殿下の諒解を得て発令するような習慣ができてしまった。そこで、嶋田の異例の要職めぐり人事を、

「あれは殿下人事だから」

と陰口をたたく者もあったほどだ。

少将以後の嶋田の軍歴は、輝かしかった。第二艦隊、連合艦隊、第三艦隊の参謀長を歴任して軍令部に入り、三班長（情報部長）、一部長（作戦部長）、次長と一直線に昇進。次長で

は伏見宮を直接補佐、ついで二艦隊長官、呉鎮守府長官、支那方面艦隊長官、横須賀鎮守府長官を経て大臣となった。

つまりかれは、軍令系統一本で来たので、軍政、いわば海軍省の軍務局、人事局、教育局などには、一度も足を踏み入れていなかった。それだけに、軍令部的考え方をする海軍大臣という、奇妙な性格の大臣が現われたことになる。

海軍大臣は、閣議を通して政治に結びつき、いつも目を国内に、世界に広く向け、それらとのよきバランスを保ちながら海軍を維持し推進してゆかねばならぬものを、したがって日米戦争は、国力、生産力、技術力からみてすべきでないと考えいたるべきものを、

「日米戦争は西太平洋に敵を迎え撃ち、艦隊決戦によって勝つ。そのためには、日米の兵力比がもっとも日本に有利な時機に開戦すべきだ」

などといい、政治的考慮を払うことを忘れてしまう。忘れていながら、体質的に、忘れていることに気づかない。

本来、海軍中央機構は、そのような軍令系の考え方の盲点を、軍政系の海軍大臣がチェックし、是正するように、大臣にそのような人材を配し、それだけ軍令部を押さえうる権限を持たせていたものだった。それを、ロンドン軍縮条約にからみ、軍令部は、権限を拡大して、大臣のチェック機能を封じてしまった。

嶋田の神社参拝好みは、あるいは神官の家に生まれたからだったのか。

いいのわるいのというような意味ではないが、たとえば昭和十六年九月一日付、支那方面艦隊司令長官から横須賀鎮守府司令長官に転勤が発令された。後任者（古賀峯一中将）の上海到着の遅れなどがあって、嶋田が交替をすませて帰京したのが九月十五日。拝謁して軍状を奏上、その日、靖国神社に参拝したあと伏見宮家（前軍令部総長・元帥・博恭王）に挨拶し、翌日、明治神宮、熊野神社参拝、各宮家に挨拶、大宮御所では皇太后に拝謁、ねぎらいの御言葉を賜わった。

そこまでは、戦地から帰還した司令長官と大同小異だが、これからがちょっと違う。

翌日、赤坂の日枝神社に参拝し、その夜西下して伊勢神宮、橿原神宮、畝傍、桃山の両御陵のお詣りをし、さらに江田島、呉、佐世保、舞鶴と回り、神社参拝、鎮守府訪問、海軍病院慰問、遺族弔問をこまめにくりかえし、十日後に帰京すると、こんどは多摩御陵に参拝、その翌日、大臣、総長に会いにいって、十月一日、横須賀鎮守府に着任した。

鎮守府長官が代わると、交代の行事があり、何日もかけた管下部隊、施設の巡視をする。多分に形式的なもので、新長官の顔見せの面では役に立つ程度だが、嶋田長官は行事と巡視をたんねんにはじめる。

開戦するかどうかで、中央は大揉めに揉めている時期の九月、十月だが、海軍のなかでもずいぶんひまなところもあったものだ。

嶋田の神社参拝は、毎朝の明治神宮参拝とも併せて考えると、たいへんな回数にのぼる。それだけ敬神の心が強かったこともあろうが、あの神社と境内のもつ特有の様式美と静寂に包まれると、心が澄むというか、なにかが活き活きするのを感じたのではないか。人さまざまというが、嶋田にとっては、神詣でが最高に心の落ちつくところだったのであろう。

つまり、精神主義的な形式主義者なのである。

開戦後、艦が沈むとき、艦と運命をともにしなかった艦長は、そのときの事情がどうあれクビにし、ばかりか即日召集して懲罰的配置につけた。山本連合艦隊長官が抗議的申し入れをして、

「飛行機では生きられるだけ生きて帰ってこいといっているのに、艦ではそこで死ねというのでは、連合艦隊長官としての作戦指揮がやりにくい。その上、そんなことをしていたら、人材を過度に消耗して長期戦を戦えなくなる」

と血を吐くような言葉を人に托して送ったが、梨のつぶて。連合艦隊長官の作戦がやりにくくなろうが、長期戦が戦えなくなろうが、それよりも、艦長が沈む艦と運命をともにするという崇高な責任感を鮮明にする方がはるかに重要な問題である、というふうだ。

このような嶋田独特の美学は、さらに一歩をすすめる。

十六年十一月三十日夕方、突然の御召しで嶋田は永野総長と同列で参内した。十二月一日の開戦を決する御前会議の前夜である。

永野への御質問のあと、嶋田にお尋ねがあった。嶋田はお答えした。

「物も人もともに十分の準備を整え、大命降下をお待ちしております」

「ドイツがヨーロッパで戦争をやめたときは、どうするかね」

「ドイツは真から頼りになる国とは思っておりませぬ。たとえドイツが手を引きましても、さしつかえない積りでございます」

嶋田は後にいった。

「おたずねはそれだけだったが、大御心を安んじ奉らんがために、永野、嶋田から艦隊の様子を申し上げ、司令長官は、（艦隊の）訓練が行き届き、士気旺盛なることに十分の自信を有しておることや、この戦争はどうしても勝たねばならぬと一同覚悟しておることなどを申しあげ、退下した。陛下には御安心の御様子に拝した」

ドイツの勝利を信じて――ドイツが勝たないと戦争計画自体が成り立たないはずなのに、ドイツは頼りにならぬと考えておりますから、向こうが手を引きましてもさしつかえありませんとは、どういうことか。

ふしぎな話だが、嶋田も及川も軍令系統、つまり作戦研究ばかりを続けてきた人である。言葉を変えれば、開戦を直接的に阻止できたはずの海軍大臣二人が、どちらも軍令系統で、マクロ的に戦争研究、国力研究はせず、ミクロ的に作戦研究、戦闘技術の演練と研究に懸命につきすすみ、総力を集中していた人たちだった。

そのような軍令系統――作戦的考え方をする人たちが、三国同盟からはじまって日米戦争にいたるまでのほとんど一年間を大臣の椅子に坐りつづけた。

そしてなにか考えが追いつめられてくると、急に作戦的発想をするようになるのである。

「国力では勝てないが、作戦を最大限に効果を挙げるように時機を選べば、その後、なんとかうまくいくのではないか。ドイツは勝つだろうし、イギリスは間もなく手を挙げるだろうし――」

陸大と海大

日本陸海軍の協調が、かならずしもうまくいかなかったことについて、米内は終戦三ヵ月後、米国戦略爆撃調査団の質問に、こう答えた。

「私は、根本的なものは、陸軍と海軍の教育方針の相違にあったと思います。陸軍は、十五歳に達しない少年から軍隊教育をはじめています。そんな若年の時代から、戦争以外のことは何も教えなかった。広い国際的な視野についての教育に欠けていた。そこに、陸軍将校と海軍士官の考え方に根本的な相違が生じたと信じます。その結果、当然の帰結として、陸軍将校の眼界が馬車馬のように狭くなり、海軍士官ほど広い視野で物事を見ることができなくなります。むろん、これは私の感じにすぎません。また、こういっているからといって、それは別に、ここで陸軍を非難しようとしているのではありません」

そしてさらに、

「政治的影響力についていえば、それは決定的に陸軍の方が強力でした。陸軍は、われわれには分析したり測定したりできない、ある圧力を持っていました」

とも回想した。

石原莞爾陸軍中将も述懐する。

「幼年学校の教育は、おそらく貴族的・特権階級的な雰囲気で、その上、閉鎖的、かつ排他的、独善的なものであった」

十三歳から十四歳で陸軍幼年学校に入り、幼年学校三年間、陸軍予科士官学校二年間、そして士官候補生として各師団に分かれて配属され、隊付勤務約六ヵ月、終わって陸軍士官学校（本科）に入り約一年十ヵ月——ざっと数えて約七年半近くを、陸軍初級将校になるための教育に費やす。

幼年学校を出ると、東京・市ヶ谷台に集まり、予科士官学校（前身は陸軍中央幼年学校）に入り、そこで一般中学四年修了者で入学試験をパスした著たちと合流するわけだが、幼年学校出身者（KDといった）は、

「われわれが正規将校の主流である」

と自負し、中学四年修了者（Dといった）を、Kを外した分だけ下に見る。Dは、したがってKDにたいしてコンプレックスを感じながら、肩身の狭い思いですごしたという。

KDが主流で、Dが傍流視されたのは、上級将校にいたるまで変わらず、満州事変以来、中央、現地軍の要職にあって活躍した将校たちは、さすがに主流派が多数を占めていたという。

海軍では、海軍兵学校三ヵ年（約四ヵ年のことが、わずかな期間ながらあったが）を終わると少尉候補生になって内地航海、つづいて遠洋航海に出る。帰ってくると、連合艦隊の艦船に配乗して実務練習。終わって少尉任官だから、海軍の少尉候補生は、一応、陸軍の見習士

官と見合うわけで、そうすると、海軍は学校が約三ヵ年、陸軍はそれが約七ヵ年ということになる。

海軍はリベラルだとか、合理主義的だとかいわれる。

いままで比較してきたところでの大きな違いは、軍隊のカラーとか伝統とかを別にすると、陸軍は社会をほとんど知らぬ十三、四歳の少年期から約七年間も、世間とはまったく絶縁された特別の環境、雰囲気の中で、軍人教育、訓育という特殊な教育をつづけたことである。

海軍の場合は、それが、社会をいくらかよけいに知った十七、八歳からはじまり、期間も三ヵ年あまりで、内地航海、遠洋航海を七、八ヵ月、その間に日本各地からオーストラリア、ニュージーランド方面、南北アメリカ方面、地中海、ヨーロッパ方面のうちどの方面かの国国を経めぐり、国際社会と日本について、膚で感じるようにして学ばされる。

三つの方面のうちの一つにすぎない世界の国ぐにを海から訪れるのではあったが、それでも兵学校を卒えたばかりの、二十歳を越えたばかりの青年たちにとって、日本という国を代表する「軍服を着た外交使節」として、その国と礼砲を交換しながら訪れる感激、未知の国ぐにの未知の人びとの家庭に招かれて、美しい善意にひたる感動は、筆紙につくしがたいものがあった。

海軍士官は国際的視野が広かったといわれたのも、理由の一つは、そこにあったろう。現在と違って、そのころは、だれでも外国に行って、人びとと会ってくるというわけにはいかなかったから、なおさらであった。

もっとも、それも、人によって感動の広狭深浅があったのはやむをえない。やむをえないが、それでも一度も欧米諸国に足を踏み入れない陸軍将校にくらべると、それだけ視野が広かったであろうことは、まずまちがいあるまい。

海軍が、草創期から模範としたのは、イギリス海軍であった。

教官として来日したイギリス海軍のアーチボルド・ダグラス少佐は、

「士官である前に紳士であれ」

とするイギリスの海軍士官教育方針を、兵学校教育に導入した。技術教育もさることながら、なによりも紳士であるための人間教育が大切だ、と力説した。

海軍兵学校が東京・築地から広島県江田島に移されると(明治二十一年)、都塵を離れた広島湾内の小島に、静かで景色のよい、校庭を海でかぎった理想的な教育環境を得て、人間教育——紳士教育はいよいよ成果をあげた。

そして、以上に述べた若い陸海軍の将校たちが、本書で扱う舞台の登場人物にとって重要な海軍大学校と陸軍大学校に入校するのである。海軍でいえば軍令部、海軍省、連合艦隊の重要なポスト、陸軍でいえば参謀本部、陸軍省、現地軍の重要なポスト、それらの中心的役職のほとんど全部を、これら海軍大学校(海大と略す)、陸軍大学校(陸大と略す)の卒業生が占める。ということは、海大と陸大の気風や教育方針、教育内容や成果が、歴史的事実のなかの陸軍や海軍の思想や習性や行動を決定、ないし大きな影響を与えることになるわけである。

以上にのべてきた陸海軍将校のもつ固有の雰囲気の上に、陸大、海大がどんな教育をし、どんな人物を作りあげたか――これからそのあらましを見ることにしたい。

まず海大から――。

兵学校の江田島移転の年に創設された。創設にあたり、イギリス海軍のジョン・イングルス大佐を教官として招いた。

官制の第一条に、

「海軍大学校ハ海軍将校ニ高等ノ兵術ヲ教授スル所トス」

とあったように、海大は、将官になるための登竜門として創設され、陸大（後述）のように参謀を養成するところではない。学校の性格、本質から、すでに陸大と海大は違っていた。

もっとも陸大は、創設約二十年後（明治三十四年）、条例の大改定をして、海大のような教育方針に改めた。

「陸軍大学校ハ才幹アル少壮士官ヲ選抜シテ高等用兵ニ関スル学術ヲ修メシメ、併セテ軍事研究ニ須要ナル諸科ノ学識ヲ増進セシムル所トス」

これがのちに陸大教育に微妙な混乱をひきおこすもとになった。

もともと、学校、学生の管轄が、海大は、他の海軍諸学校と同様、海軍大臣の所管で、学生も海軍大臣（海軍省人事局）が管掌したが、陸大は、学校も学生も、参謀総長の統轄下にあった。学生は、陸大に入ると、それまで陸軍大臣の管理を受けていたのが、自動的に参謀本部の人間になる。人事はそっくり参謀総長が引き取り、掌握する。

簡単にいえば、陸軍の正規将校には、参謀とそうでないものの二種類があり、参謀はまったく別扱いで、はっきりとしたエリート・グループを作っていた。昇進して指揮官に任じられるまでは、大部分が参謀をやらされ、ドイツ陸軍流の参謀部、すなわち統帥部独立のすがたが、思想的にも制度的にも確立されていたのである。

海軍は、イギリスに学んだので、参謀にたいしてもイギリス流の考え方に徹した。参謀は、あくまで指揮官にたいする補助者であり、スタッフはラインに干渉してはならないと考えた。ラインにアドバイスはするが、命令はしない。中将である連合艦隊参謀長でも、少将である航空戦隊司令官や水雷戦隊司令官を指揮することはないのである。連合艦隊長官にアドバイスし、長官がもしそれを採用して命令を出そうと考えれば、長官が、長官の名で連台艦隊命令を出す。

陸軍参謀の場合は、そうではなかった。

ドイツ陸軍の参謀制度にならい、派遣参謀として出張するとき、その軍の指揮権の一部を行使する権限をもたされる。軍司令部の少佐参謀などが、派遣参謀として現地の師団司令部に乗りこみ、中将である師団長に命令を発する場面など、たとえばノモンハンで、たとえばガダルカナルで見ることができたが、陸軍の参謀機構からいえば、なにもふしぎではなかった。

これは、いい悪いの問題ではなく、陸海軍の戦闘のすがたから、そうせざるをえない面もあった。

たとえば、日露戦争のときの奉天会戦。東西が東京から静岡を過ぎて掛川あたりまでの百八十キロ、南北が東京から熱海あたりまでの八十キロにまたがる広大な戦場に、ロシア軍三十一万、日本軍二十五万（五個軍、十四個師団、十四個旅団など）が対峙した。

満州軍総司令官大山大将の総司令部は、奉天の南西約五十キロの後方にある。各軍の軍司令部も、各軍の戦線の後方にある。このように、それぞれの最高指揮官は、指揮下の部隊の後方にあるのがふつうだから、刻々に変化する第一線の情況は摑めず、その時々に適切な細かい命令を下していくことはできない。

つまり、陸上の戦闘では、下級指揮官の独断専行が、どうしても必要になる。総司令官は、自分の意図と各軍の任務を伝達し、各軍司令官もその軍についてだいたい同じような命令を出すから、師団長以下の各級指揮官は、総司令官、軍司令官の意図にそうようにしながら、その時々、その場その場の戦闘指揮をしなければならない。

上級指揮官の意図を体し、上級指揮官に代わってその意図にそうよう、前線の情況を参酌しながら現地部隊を動かす必要が、そこに出てくる。そこが派遣参謀の働き場所になるのであろう。

海軍の場合は、そんなことは起こらない。

平戦時を問わず、いつも指揮官先頭で、大山総司令官にあたる東郷平八郎連合艦隊司令長官は、戦艦戦隊の一番先頭に立って全艦隊を引っぱった。これは、イギリス海軍の伝統でもあったが、陸軍が、二十五万を越える将兵の大集団が徒歩か馬で前進し、塹壕に潜むのにくらべ、海軍は、軍艦が戦闘単位であり、司令長官も水兵、機関兵も一つの艦に乗り合わせ、十五ノット、二十ノットで艦ぐるみ突進する。

そんな条件の違いはあるが、それにしても海軍は、指揮官はいつも先頭に立ち、みずから現場の第一線、それも敵からもっとも狙われる、したがって敵がもっともよく見える位置にいて情況を判断し、適時適切な命令を全軍に発し、戦勝をかちとるために肝胆を砕く。無線交信も、軍艦が科学の粋を集めて建造されたものだけに、簡単に、迅速に、確実に実施できる。

だから海軍では、指揮が部隊の末端まで行き届く。部下に勝手な行動はさせないし、また部下もしない。艦内は静粛で、ことに指揮官の立つ艦橋《ブリッジ》は、いっさいの雑音、私語のたぐいを禁じ、静粛の上にも静粛にする。指揮官の命令、号令にいつも聞き耳を立て、油断せず、命令、号令を即座に正しく聞きとって、即座に行動に移すことができるよう、緊張し待機している。

命令系統、指揮系統をやかましくいい、静粛を大事にするのは、確実、正確、迅速に命令や号令を伝え、行動を起こしうるような環境づくりをするためであった。

海軍で寡黙であることが尊重され、世間からサイレント・ネイビーなどといわれたのは、「軍人である前に紳士であれ」と教えられたその紳士の徳目に、しゃべり上手は軽薄である、寡黙こそ重厚、としつけられたからでもある。同時に、おしゃべりを楽しんでいたりすると、号令や命令が聞こえず、全員一致を要する緊急作業がとれず、そのため一艦の運命にもかかわってくるからであった。

ただこの沈黙、寡黙が、後に述べるような喋り上手――猛訓練によって喋り上手になった陸軍要路のエリートたち（陸大出身者）と向き合い、おなじテーブルについて議論をたたかわせねばならなくなったとき、思いもよらなかったことだが、日本を開戦に導く重要な因子を孕《はら》んだ。これについては、あとでのべる。

さて、海大では、そんな空気の中で、入学試験をパスした少佐、または大尉から、真面目で職務に精励する勤務優良な者を選んで学生にした。だいたい兵学校を卒業した一クラスの十六パーセントが入校し、教育期間は二年間であった。また、大学校教官にも、同様な人柄の者を配員し、豪傑肌の大言壮語組や個性のとくに強い者は選ばなかった。

教育内容は、潔癖すぎるくらい兵術教育に専念し、政治、政略の研究はことさらに避けた。カリキュラムを見ると、第一学年の総時間数の四十一パーセント、第二学年総時間数の五十六パーセントが、図上演習と兵棋演習による作戦研究と演練に費やされた。

図上演習では、決戦しようとする艦隊が、敵主力艦隊をとらえて攻撃隊形をとるまでの、いわば戦闘開始までの戦闘行動を研究し、兵棋演習では、主として決戦場面での艦隊の戦闘行動を研究する。簡単にいえば、海大では授業時間の半ばをあげて艦隊決戦の実技的研究に没頭していたわけで、またそのように作戦研究ばかりに偏りながら、それでよい、とみなが考えていた。

なぜこんなことになったのか。イギリス海軍を先生としながら、イギリスについても日本についても、読みかたが浅かったからである。

当時、いかにも後進国海軍でしかなかった日本海軍は、世界第一の先進海軍であったイギリス海軍のすぐれた技術——天と地ほども開きのある造艦、造兵、造機の輝くばかりの先端技術と、海軍の経営・管理技術、作戦研究のプログラムに驚嘆し、一も二もなく、これに追いつき追い越すため、技術という技術を、貪欲なまでに吸収した。

技術にしか目が及ばなかったのは、いかにも日本的といえなくもないが、イギリス海軍をそのようにあらしめているイギリス国、イギリス国民にたいしての歴史的位置づけ、風土、国是といった、かんじんのバックグラウンドを見落とした。功を急ぐ、ということがあったのだろうか。

——イギリス海軍は、長い歴史のなかで、国民から深く信頼され、敬愛され、政治家もまた、国防と国運の隆盛を得るために海軍の果たす役割の重要性を、よく承知していた。つまり、イギリス国民は、歴史的にも政治風土的にも海洋国民であった。

だからイギリス海軍は、戦闘技術を磨き、したがって作戦の研究に没頭していさえすればよかった。海軍は、国や国民にたいして海軍の存在理由を説明する必要もなく、海上国防を不断に充実させておかねばならぬことなどについて、政治的な配慮や工作やPRをする必要もなかった。

「イギリス国民が生存していくためには、国土の保全とともに、海外との通商（海上交通）が確保されていなければならない。通商を確保する、つまり海上交通を確保するためには、制海権の確保――敵性国の軍艦による妨害の排除、敵性国の軍艦の海域内の行動を阻止追放しなければならない。そのためには、強力な海軍が存在し――要すれば敵性国軍艦と決戦し、これを撃破撃滅することができなければならない。いわゆる艦隊決戦に勝たなければならない」

言葉を変えれば、イギリス海軍は、イギリス国民を生存させつづけるためにこそ存在する――だからこそイギリス国民は、イギリス海軍の維持、増強のための経費をすすんで負担し、生存のためのコストを支払っている。

ところが日本では、徳川三百年の鎖国政策によって、国際社会との連帯を断たれ、国も国民も自閉症にかかったかのように、四面海にかこまれていながら海への関心がきわめて少なく、海洋国民というよりは海岸国民という方があたっていた。

しかも海軍は、時間的、空間的に広い視野から存在理由を考え、それを文字であらわした「海軍政策《ネイバル・ポリシー》」――イギリスの場合のように、国民の生存をどんな事態にでも維持できるよう国土と海上交通を確保すると明確に打ち出すわけではなく、ただ、シャニムニ、「艦隊決戦で敵に勝つ」

一点張りであった。

「かんじんなことを見落としている」

とは、だれも考えなかった。考えないから、国・国民とのかかわりのなかで海軍のなすべきことの研究――戦争研究は、ほとんどせず、ただどうすれば敵に勝てるかの研究――作戦研究――海大でも兵術教育に専念して誰も怪しまなかった。

あるいは、それに気づいた人がいたかもしれない。その場合、明治十五年に出された『軍人に賜りたる勅諭』がブレーキの役を果たした。それには、「世論に惑はず政治に拘らず只只一途に己が本分の忠節を守り義は山嶽よりも重く死は鴻毛よりも軽しと覚悟せよ」と諭《さと》されていた。そして、例のシーメンス事件――海軍大臣候補者として嘱望されていたある中将が、大臣になったときの政治資金にあてる目的で、軍艦建造にかかわるコミッションを受け取った。それが暴露され、海軍の信用が地に墜《お》ちた。

「あつものに懲りて、なますを吹く」

という諺があるが、「承詔必謹」の海軍では、「吹く」どころか、なますを見ただけでジンマシンを起こしかねなかった。

ドイツ（ほんとうはプロシャというべきだが、概念の混雑を避けるために、あえてドイツということにした）に範をとった陸軍は、海軍がイギリスに学んだのとおなじようにして、忠実にドイツを学んだ。

ドイツは陸軍国だった。考え方は軍国主義的、武力戦中心主義的であった。イギリス海軍の場合と違って、いつも陸軍は自分の存在を主張していなければならず、したがって、いつも政治的態度をとっていた。戦略の研究、計画、実施は、軍人が独占して国民に渡さなかった。この点でも、自由主義的空気のなかで、政治家や国民が海洋政策や海上戦略についてオープンに論議をたたかわせたイギリスの場合と違っていた。

そして、日本陸軍の兵術思想をさらにユニークなものにしたのが、明治十八年（一八八五年）来日、三年間（四年ともいう）滞在し、陸大の戦術・戦略教授として陸大教育の開祖といわれたドイツ陸軍参謀少佐クレメンス・メッケルであった。

メッケルは、近代ドイツ陸軍の父といわれた参謀総長モルトケ将軍の後継者、と目された傑出した参謀将校であった。

デンマーク戦争、オーストリア戦争、普仏戦争に大勝利をもたらした、近代的技術を駆使する戦略の天才として恐れられていたモルトケ将軍が、みずから人選してメッケルを日本に派遣したという経緯があった。

当時、日本は西南戦争を戦い終わったあとで、陸軍といっても、作戦指揮の面でも兵術思想の面でも、まだ幼稚の域を脱していなかった。そこへ、雷名とどろくメッケルが来日したのだから、その権威と影響力の大きさは、おそらく想像を絶するものがあったであろう。

メッケルは、さっそく陸軍の軍制をドイツ式に改めた。モルトケ将軍の打ち立てた新しい参謀制度をとりいれ、陸軍省、教育総監部、参謀本部の三本柱とし、モルトケが強く主張してドイツ政府と対立していた統帥権の独立を、日本で実現するための軌道を敷いた。

メッケルの戦術教育の核心は、

「最後の勝敗を決するものは精神である」

という精神第一主義であった。そしてまた、

「人間の作ったもので絶対に破られない防御陣地はない」

のだから、強健精鋭の兵士を駆使した攻撃こそもっとも重視すべきだ、とする攻撃型戦術であり、のち、日清、日露両役を勝ちえた斬新有効な戦術でもあった。

そのような思想のもとに、かれは実戦的な戦術戦略を、「現地戦術」によって陸大学生に教えた。戦史教育にも重点をおいたが、研究対象は主としてヨーロッパ戦史に限られた。

メッケルの流れをくむ陸大教育は、太平洋戦争中も続けられた。海大が戦争途中の昭和十八年で閉鎖されたのにたいし、陸大は終戦まで教育を続けたが、そのなかでも陸軍参謀の気質、能力を決定した「戦術教育」は、特筆に値した。

まず、教室での教育からはじまる。

操典とか典範令などによって、戦術の原則を講義する。つぎに、学生に想定を与える。学生は、想定によって与えられた情況のもとで、戦術の原則を応用し運用して、指揮官としての「決心と処置」を考える。いわゆる図上演習である。

次に、現地に出かけ、その仕上げをする。

自然の山野に立ち、教官はそこで想定を与える。学生は図上演習の場合に準じ、指揮官の「決心と処置」を考えるわけだが、この現地戦術では、それを即答させる。そして、その答えにもとづき、現地の地形地物を指しながら検討を加え、研究し、討論する。

メッケルは、この現地戦術をたびたびくりかえしたという。メッケル以後も、陸大では各学年の戦術科教育のしめくくりとして、期末に演習旅行を実施した。卒業演習旅行では、約二十日間にわたって学生を絞りあげた。

陸大の戦術教育では、教官対学生の「討論」が重視された。前にのべた典範令などによる戦術の「原則」の上に立ち、多種多様に変化させた「情況」を与え、その「情況」と「原則」とから指揮官としての「決心と処置」とを導き出すわけだが、その過程で、学生の判断力と応用能力を練磨しようというのである。だから、「討論」は、教官と学生が一対一で、マンツーマンで、たたみかけ、黒白がつくまで徹底的につきつめていく。

教官は、あらかじめ研究して得た解答（原案といった）を用意している。学生の解答が「原案」どおりであれば、満点がつく。そうなると学生は、知恵を働かせて「原案」の内容を察し、名解答を出そうとし、戦術研究の本旨から逸脱しかねないことになりがちだ。学生の論拠が正しければ、原案どおりの解答が得られなくてもよいとはされたが、なかには原案絶対を押し通す教官もいたという。

学生からみれば、「原則」の上に教官から「情況」が与えられると、それに適当した解答をすばやくいくつか考え、そのなかからもっとも味方に有利で有効な解答を選び出す。教官は、さらに「情況」を困難にして与える。学生はまたすばやく適当な数案を考え、すばやく比較検討し、すばやく「とるべき決心と処置」を選んで答える。教官は、いくらでも「情況」を困難なものにすることができるから、この一対一の「討論」は、白熱してくるとすさまじいものになる。

「これでもか、これでもか」

と教官がいじめにかかるのを、学生は必死に、それこそ脳細胞を総動員して抵抗する。

教官は、その過程で、学生の心理に揺さぶりをかけ、精神的動揺を与えようとする。学生は、どんな苦しいところに追いつめられても、即座に正しい決心と処置が得られなければならないのである。

「苛烈な戦場で、人として耐ええないような困難な情況に逢っても、指揮官たるもの、心理を動揺させてはならず、冷静沈着、思考力、判断力、実行力にいささかも狂いがあってはならない」

メッケル以後、終戦まで、陸大ではこの戦術教育にもっとも力を入れ、倦むことを知らなかった。それだけに、陸大出身者とドイツとの親近感は、三国同盟へのアプローチにも見られるように、とくに深かったといえるだろう。

さて——。
実際の場合、このような教育を受け、なかでも抜群の成績をあげた、優秀で議論達者の陸大出身者が、中央や現地軍司令部に参謀職として顔を揃えたのだが、その結果はどうだったろうか。満州で、北支・中支で、ノモンハンで、仏印で、さらには内閣で、陸軍省で、参謀本部で、打ち合わせで、会議場で——。

二度にわたって陸大の校長をした飯村穣（陸大33）中将は、こういう。

「私は、陸大の残したメッケルのすぐれた学風を尊重するにやぶさかではないが、ふり返ってみるに、一つの弊風をもわが陸軍に、とくに陸大教育に残したのではないかと思っている。

それは、白を黒と言いくるめる議論達者であることを、意志強固なりとして推奨したのではないかということである。そして、わが国の伝統である以心伝心などは、ハッキリしないとして排斥されたのであった。私はこの陸大の、弁護士養成のための教育に疑問を持ち、武将は聞き上手になるべきであり、議論上手になってはいけないと、つねづね思っていた。

私が陸大の校長になったときにも、陸大には議論尊重の気風がまだ残っており、陸海軍大学校の合同演習の際、学生たちが議論の雄を選手に出して、負けるなとけしかけていたこともあった。

私はこれをたしなめ、人の和のためには聞き上手になれと教えたのであった。私は、議論上手を陸大で養成した結果が陸海軍の疎隔となり、いく多の小英雄を輩出して大東亜戦争の開戦ともなり、敗戦の一因になったと見ているのである。

実直ではあるが頑固なドイツ人の気風ややりかたを、そのまま日本の風土に移し植えた陸大に、その禍根があったのではないだろうか」

そしてもう一つ、決定的な問題は、「陸軍は作戦目標を対ソ戦にしぼって重点形成をしており、陸大もまた対ソ戦法の研究に余念がなかった。真面目に対米戦争を意識したのは昭和十五年ころ、近衛内閣が対米交渉に入った時代であった。陸大には専任のアメリカ研究の教官はほとんどいなかった」といわれていることである。

　そうだとすれば、「対米戦争の重点である物量戦、航空戦にたいする研究は、かならずしも完璧ではなかった」と考えるべきだ。にもかかわらず、このあと史実が語るように、対米英戦争開戦を主張し、煮え切らぬ海軍を叱咤《しった》しつづけたのはなぜか。陸軍の下剋上《げこくじょう》、陸海相剋をいい、なかでも海軍士官に陸軍を評させると、多くが悪声を放つ。陸軍を「馬グソ」というほど嫌い、井上成美中将も「ドウブツ」と呼んでいた。おそらく陸軍も、海軍の悪口をいっていたろうが。

　ただ、「議論達者」の陸大出たちにまくしたてられ、「白を黒といいくるめ」られて、口下手で議論下手の、寡黙を尊び、サイレント・ネイビーをモットーとしてきた海大出が、どう対応したか、いや、対応し得たであろうか。

　そして陸軍の好み、目指した満州事変、日華事変の完遂、国内新体制の確立、三国軍事同盟の締結、仏印進駐、対米英戦争の開戦などにいたる重要な転機で、海軍が、カウンター・バランスとして、どれほどの強力なチェック機能を発揮することができたであろうか。

　今村均陸軍大将の陸大教育についての反省（『檻の中の獏』）のなかに、こんな言葉がある。

「……陸大は幕僚教育に徹すべきところ、軍や師団を運営して敵に勝つための統帥研究を第一義としたため、気位の高い自己肥大参謀を作り、また、補給を深く考慮しての戦略戦術でなく、その場当たりの将棋的戦場の駆け引き研究に偏した欠点があった……。次に、教官の選任が、その一部ではあったが、適当を欠いたことだ。いく人かの豪傑肌の気取り屋で、他の部門ではちょっと使いにくい者を、陸大教官にする人事が行なわれた。これらは、幕僚に欠かせない司令部と部隊との精神的連繋に必要な礼儀とか、疎漏のない緻密な計画とかを軽視し、いわゆる『大功は細瑾《さいきん》を顧みず』式の放漫な気分を発散した。遺憾なことに、血気旺《さか》んな青年学生は、ややもすればこのような教官にひきつけられる傾きが見られた。

かような陸大教育を卒業した者をもって中央三官衙《かんが》（陸軍省、参謀本部、教育総監部）の幕僚にあてた結果、もちろん一部の者ではあったが、外地軍司令部幕僚の一部と気脈を通じ、不規の策動を試み、軍と国家を煩わし、いわゆる『中堅幕僚の専行』とか『下剋上』とかの非難を世に叫ばしめるようなことにした」

要するにドイツ陸軍、そして、メッケルによってそのコピーを作りこまれ、その教えのとおり忠実に、熱心に自己形成に励んだ日本陸軍――つまりは、「統帥権独立」をテーゼとし、それにそって参謀本部が参謀の人事権を握り、「独立統帥王国」を形成する。それを許した国ぐにが、あの情況のなかで統帥の独走を招き、それに引きずられるようにして戦争に向かって突き進むことになったのではなかろうか。

そう考えすすめると、海軍のなかにも、陸軍と対比した上のことだけでなく、海大出が大多数を占める中央に、陸軍の場合のように構造的なものではないにせよ、情況的な問題が、一つならずあった。

すでに、及川、嶋田の両大将が、軍令系統であるとのべた。ちょうど陸軍の参謀将校にあたるようにみえるが、陸軍と違い、海軍では海大出もそれ以外も人事はすべて海軍大臣が握っていた。つまり、海大出は、士官名簿や履歴に「(海大)甲種(学生出身)」というマークはつくが、「参謀将校」というマークはつかない。そしてこのマーク持ちは、軍令部にも海軍省にもいたが、同時に艦隊にも鎮守府にも外地部隊にもいた。参謀もいるが参謀でないのもいる、というふうであった。陸軍のようにエリート・グループを作っているわけではなかった。

ところが、現実問題としては、軍令系統、軍政系統、ないしそれに近いものはあった。さらにいえば、赤レンガ(東京・霞ヶ関の海軍省・軍令部の建物が赤レンガ造りだったため、中央勤務のことをそう俗称した)ではない、ないしはめったに赤レンガ勤めをせず、軍艦、駆逐艦、潜水艦に乗りつづけ、太平洋を狭しと駆けまわっている、俗称「車引き」もいた。

海大出には、赤レンガが多かった。昭和十七年十一月、海軍省人事局長になった中沢佑少将が、配員状況を調べたところ、海大出の大半が赤レンガにいたという。

「これでは、海軍全般の戦力発揮がうまくいかない」

前線の作戦部隊に人材を急いで出せ、と局員に命じたというが、結局これは、鼻ッ柱の強い局長や部長クラスが、人事局の配員に不満で、これはと思う人材をゴリ押しに奪っていくからであった。また、人事異動で、考え方もわからず空気にも慣れていない者が下手に入ってきて、部局の戦力が低下すると困るので、一度よりも二度、二度よりも三度そこに籍を置いた経験者、ベテランを即戦力として集めようとしたからでもあった。

前にものべたが、将来重要配置につかせようと目をつけている優秀な人材は、「計画人事」によって、それに必要な経験を身につけさせようとするわけだが、そういう人材を即戦力、ないし部局の中心に据えようとしてゴリ押しで引き抜かれると、「計画」が狂ってくる。結局、軍令、軍政のどちらも、おなじ人物をくりかえし配員して「色」をつけすぎ、そのため視野を狭くさせ、軍令は軍政を知らず、軍政は軍令を知らぬ一知半解のスペシャリストを作ってしまった。

中将、大将になり、世界の中の日本、日本の中の海軍を見る視点から判断しなければならないにもかかわらず、依然として狭い視角から見、海軍を見て日本を見ず、日本を見て世界を見なかったスペシャリスト大将、狭視野大臣がいたのも、原因はそんなところにもあった。

この方向で、もう一つの問題は、海軍省軍務局、軍令部作戦部といった日本の進路を決定する最重要部局の中心的ポストに、おなじような性格性向、意識見解を持つ者が集まったことである。

後にのべる第一委員会。その勧進元と自他ともに任じた軍務局二課首席局員藤井茂（海大30恩賜）中佐が、昂然と胸を張った。

「金と人（予算と人事）を持っておれば、何でもできる。軍務局（予算を持つ）が方針をきめて押しこめば、人事局（人事を持つ）がやってくれる。自分がこうしようとするとき、政策に適した同志を必要なポストにつける」

そして、駐在武官などでドイツにゆき、親独派になった者を、中央各部に集めた――せっせと集めたあまり、集めすぎた。集めすぎたあまり、米内・山本・井上三羽烏の重石がとれると、海軍中堅どころがたちまちに圧力を強め、上司をつきあげて親独政策に引っぱりこみ、三国同盟締結、対米強硬策、仏印進駐を手はじめとする南進政策、対米英開戦にまでいってしまった。

そして、それを阻止し、あるいは軌道修正をしなければならぬ上司――大臣、次官、軍務局長は、サイレント・ネイビーの申し子のような寡黙、口下手な学者か頭脳明晰で情況適応力にすぐれた官僚軍人であったりして、「三羽烏」的な不退転の哲学も信念も重量も、持ちあわせていなかった。

（註）本文中に出てくる人名には、陸大、海大出身者とその学生期別を付記した。「恩賜」は優等卒業者で恩賜品（軍刀）を拝受した秀才、「首席」は、そのうちでも第一（トップ）で卒業した超秀才である。

第一章　永野修身

二・二六事件

二・二六事件で崩壊した岡田内閣にかわって、昭和十一年三月九日、広田弘毅内閣が誕生した。――海軍大臣永野修身大将の登場である。

永野は、第二次ロンドン海軍軍縮会議に日本代表として出席、一ヵ月半あまり前（一月十五日）に会議脱退を通告した後、日本に帰ってきたばかりであった。

三年前、国際連盟を脱退し、凱旋《がいせん》将軍のような風情で帰ってきた松岡洋右代表ほどの派手さはなくとも、当時、日本を縛る国際的なくびきを一つ一つ断ち切ることが、そのまま自由へ、発展へとつながるように考えられていたから、その意味では永野もまた、「時の人」であった。

もともと、ロマンチストであっただけに、また、みずから「土佐の天才」をもって任じていただけに、このような形で日本の新しい時代を拓《ひら》き、それによって「時の人」となるのは、かれにとっても悪い気持ちではなかったであろう。

だが、もしそのような気持ちでいたとすれば、かれが大臣に就任したその時代の深刻さ、重大さ、将来に及ぼす影響の大きさを、かれは的確にとらえそこなったのではあるまいか。

——かれが自身で幕を引いた軍縮条約は、ワシントン、ロンドン両条約とも、十一年末で失効し、十二年一月一日から無条約時代に入る。無条約時代に入った後の情況判断を海軍が誤ったため、のちに軍令部総長になった永野が、

「開戦の時機は今だ。今をおいて他にない」

と声を絞らねばならなくなる。

——そして、約九ヵ月後に来る無条約時代にたいして、かれ自身が実際に肌で感じている危機感と責任感で局面の打開に腐心するあまり、かれを突然海軍大臣の椅子につかせた二・二六事件の本質、とくに陸軍が何をしようとしているのか、かれらの意図がどこにあるのか、についての判断を、不徹底、ないしはなおざりにしていたのではなかったか。


二月二十六日午前五時ころ、五十四年ぶりという大雪を蹴散らし、武装した約千五百名の陸軍歩兵部隊が、東京のあちこちを駆けまわった。

かれらは、二十名あまりの陸軍青年将校に指揮された近衛歩兵第三連隊、歩兵第一連隊、同第三連隊、野戦重砲第七連隊の下士官兵約一個大隊で、首相官邸、警視庁、その他の要所や大官の私邸に殺到し、内大臣斎藤実海軍大将、大蔵大臣高橋是清、教育総監渡辺錠太郎

（陸大17）陸軍大将を殺害し、侍従長鈴木貫太郎海軍大将に重傷を負わせた。総理大臣岡田啓介（海大2）海軍大将、元老西園寺公望公爵、前内大臣牧野伸顕伯爵も襲われたが、危うく難をまぬがれた。

襲撃を終わると、かれらは、陸相官邸、首相官邸、陸軍省、国会議事堂などを占拠、永田町一帯の要所に機関銃を据え、銃口を外に——国民の方に向けて配備についた。

そんな異常な情況を背景に、陸相官邸に集まった指揮官たち——陸軍大尉以下の隊付将校たちは、陸相川島義之（陸大20恩賜）大将をつきあげた。

「戒厳令を布き、行政権と司法権を軍の手に収め、現在の内閣を総辞職させて軍部内閣をつくり、国家改造をせよ」

クーデターであった。

大命をまたねば動かせぬはずの軍隊を動かし、天皇によって親任された内閣首脳や大官、重臣を襲撃して射殺し、重傷を負わせた。

ところが、陸軍省は、これを反乱部隊といわず、「蹶起《けっき》部隊」と呼び、陸軍大臣は、

「蹶起部隊ノ趣旨ニ就テハ天聴ニ達セラレアリ……諸子ノ行動ハ国体顕現ノ至情ニ基クモノト認ム」

と告示した。

これは、いったいどういうことなのか。

「軍隊は大命によってのみ動く」という日本国軍の基本理念は、なぜこうもやすやすと踏み

にじられるようになったのか。そして陸軍は、なぜそれを是認しようとしたのか。

満州事変

二・二六事件の約四年半前（昭和六年九月十八日）、奉天（いまの瀋陽）郊外で、日本の運命を決める満州事変がはじまった。

日本軍が、そのとき「他国の領土に軍隊を駐屯させていた」といっても、また「権益を持っていた」といっても、それは日本と清国の政府が三次にわたって結んだ正式の条約によるもので、合法的に得た権利であった。

しかし、中国民衆の目からすると、これは外国による不当な国土の分割蚕食にほかならなかった。明治三十三年（一九〇〇年）の義和団事件が、外国（日本、イギリス、アメリカ、フランス、ドイツ、イタリア、ロシア、オーストリア）への最初の大がかりな反抗であった。事件は失敗に終わったが、対外屈従をつづけてきた清朝が、十一年後に辛亥《しんがい》革命で倒され、中華民国が建てられ、孫文、蔣介石などの指導者が出現すると、中国民衆の間に自立意識がたかまり、ひろがった。排外、国権回復を旗印とするナショナリズムの火であった。

折から、蔣介石の国民政府軍が力を得、南支、中支を席捲して北進をはじめた。それまで軍閥の首領たちが割拠していた北支、東北へも、国家統一の波が押しよせた。

満州、北支に駐屯する関東軍は、深刻な危機感を抱いた。日露戦争（明治三十七、八年）後、世界の孤児となりつつあった日本は、資源のない国土に増大する人口をかかえて満州に生きる天地を求め、昭和四年末で約二十一万人が移り住み、十五億一千万円を投資していた。それにむかって、排日運動、日貨排斥運動が襲いかかった。

憤激した関東軍参謀による満州軍閥の統領・張作霖《ちょうさくりん》爆殺事件が、突発した。

やがて陰謀が発覚し、責任者は詰め腹を切らされ、その後任の高級参謀に板垣征四郎（陸大28）大佐、作戦参謀に石原莞爾（陸大30恩賜）中佐が着任した。

「知謀の石原、実力の板垣」

とうたわれたコンビである。

そして三年。石原は想を練り「満州問題解決理論」を練り上げた。

「――満蒙を日本が領有しなければ、事態は完全には解決されない。満蒙領有後、つづいて中国全土を占領し、総督を置いて統治する。このためには、対ソ、対米、対中国同時戦争を覚悟する。満蒙を合理的に開発すれば、日本の景気はおのずから回復する。日本が満州を占有することは、もともと満州民族は、漢民族に属するよりも日本民族に属すべき歴史的必然性をもっていることからみても、正当である……」

石原は、陸軍では「超非凡」といわれた独創性のある秀才で、ナポレオン戦史の研究でも知られた。だがそれよりも、独特の戦争観を確立した思想家、見ようによっては宗教家、哲学者ともいえる多面性を持つ傑物であった。

かれの解決理論は、今日からみると主観的で、時代の移り変わりを読み落とした上、日本の国力を過大評価し、中国、ソ連、アメリカを過小評価したものといえるが、当時、関東軍にとっては、百万の援軍を得たほどの価値があった。かれらはこれを拠りどころとして、やがて一挙に満州事変、日華事変を推進していく。

そして、妙な暗合だが、永野はこの満州事変のときも、ジュネーヴ軍縮会議全権として海外で軍縮問題に取り組んでいて、太平洋戦争開戦の大きな原因になる陸軍の不規な行動をトレースする機会を逸している。そのとき、かれの念頭には、軍縮をどう日本に有利に転回させるかしかなかったのである。

兵を動かすには、天皇の大命が必要である。しかし、満州占領は、性格として一種のクーデターであり、間隙を巧みにくぐりぬけて決行しなければならぬ大謀略の体質をもっていた。

石原参謀は、注意深く計画をすすめた。

「軍司令官は満鉄を保護するためには兵力を使用することができる」

関東軍司令官の職責を定めたこの規定が、石原謀略の出発点であった。

「謀略により機会を作為し、軍部主動となり国家を強引する」

そのため、満州と呼応して日本国内でもクーデターを起こし、鎮圧を名目として軍隊を動かし、その武力を背景として宇垣一成陸軍大将を首班とする軍事強力内閣をつくらせる。そして国内を改革して軍事力増強、満州占領と経営に乗り出させる。

第一次世界大戦の戦訓から、陸軍は、これからの戦争は総力戦になると気づいていた。もともと陸軍は、明治以来、北方の脅威に対抗することを使命と考え、これを排除するために対ソ戦をどうしてもやらねばならぬとして、総力戦体制——統制経済による軍事国家づくりを至上命題と位置づけた。しかし当時、国内の政治環境はまだ未成熟で、政党は政権争奪に明け暮れ、陸軍の目から見ると信頼できなかった。鬱積する危機感と焦燥感が、かれら自身による総力戦体制の急速構築に駆り立てた。

昭和六年三月、その第一幕となるべき三月事件を計画したが、失敗した。だがクーデターの概要を知った重臣や主要政治家たちは、自分たちが陸軍の銃口に狙われているというだけで、怖れ、抵抗意欲を失った。

三月事件に失敗した首謀者橋本欣五郎（陸大32）中佐（参謀本部ロシア班長）は、第二のクーデターの計画を練った。

一方、満州では、板垣・石原コンビがしきりに動き、排日大暴動を起こさせ、鎮圧を口実として関東軍が出動し、一気に満蒙を制圧するという筋書きで、準備を急いだ。

それを聞かれた天皇は、心痛され、陸海軍大臣に下問された。

「軍紀について世間にとかくの批評を聞くが、どうか……」

陸相は、やむなく本庄繁（陸大19）関東軍司令官あての親書を参謀本部第一部長建川美次（陸大21恩賜）少将に持たせ、満州に急行させることにした。親書には天皇のお言葉を伝え、あと一年隠忍自重せよと示してあった。

石原謀略を支持していた建川は、この親書を見たあとで事を起こしたのではまずいと考え、親書の内容とかれの満州出張行動予定に加え、親書を手渡される前に計画を発動させるよう示唆した暗号電報を発信させた。

そして建川自身は、十六日出発、途中を急がず、奉天に十八日午後七時すぎに着いた。駅に着くと、料亭に直行。板垣高級参謀らに迎えられて痛飲、したたかに酔って寝入った。その寝入りばなの十時半、すぐ近くの柳条湖で満鉄の線路が爆破され、満州事変がはじまった。

関東軍では、二十八日決行の予定でいたところ、建川電が入ったため、急遽予定を十日くりあげたのである。

石原の周到な計画もあったが、経過は予想以上に順調にすすんだ。

張学長はたまたま北平（いまの北京）に出かけていた留守で、最高指揮官のいない東北軍二十万は、二万たらずの関東軍にたいして無抵抗も同然だった。そのため、翌日にはほとんど大勢が決した。

おりからアメリカは、経済恐慌の影響で目を外に向けている余裕はなかったし、イギリスも莫大な権益を抱える揚子江筋から遠い満州の事件ではあり、かたがたソ連の南下を日本が食いとめる形になったので、本気になって抗議するふうはなかった。そして蔣介石は、これまた全力をあげて共産軍の掃滅にかかっていて、手が抜けなかった。

幸運というほかなかった。

それよりも、関東軍が鬼の首をとったように喜んだのは、大命なしに満州にとびこんでき

た朝鮮軍二個師団を、

「出たものはしようがないじゃないか」

といって若槻首相が予算をつけたこと――関東軍が大命もなしに兵を動かして満州を占領した軍令違反、軍紀違反を、腰砕けになった政府が追認した、ばかりか、大命のない増援部隊の「外国派遣」まで認めてしまったことであった。

三月事件のおどしが、まんまと図にあたったのだろうか。参謀本部もおどりあがって凱歌をあげた。

「兵力を派遣するかどうかなど、閣議がとやかくいう筋ではない。閣議は派遣した兵力にたいする予算措置さえすればいいのだ」

参謀本部作戦課は、昂然と業務日誌に書いた。そしてやがては、兵力派遣は「統帥事項」である、政府がなんとか文句をつけたら「統帥権干犯」になる、といいはじめる。

一方、準備を急いでいた橋本中佐たち国家改造グループ（桜会）の面々は、満州事変のショックを利用した大々的なクーデター（十月事件）を起こし、こんどは荒木貞夫陸軍大将を担ぎ、重臣や政財界要人多数を殺し、首都の要点を占領、一気に政権を奪取しようと画策した。しかし、密告者が出て、こんども未遂に終わった。

一味を処罰しようとしたが、趣意書には憲兵隊を含む陸軍中央の要人たちがズラリ名をつらねていて、手の下しようもなかった。結局、三月事件も十月事件も、処罰らしい処罰はされずに終わった。

このころ、満州では、掃蕩作戦がすすみ、つづいて新国家建設の段取りになった。新国家を建設すれば、既成事実が確立する。それまでの流動的な期間、しばらく満州から世界の目をそらしておいた方が、好都合であった。そこで、謀略で、上海に火をつけようと考えた。

上海は、いうまでもなく、各国の利害が錯綜する国際都市である。ここに兵火が及べば、各国の注意は上海にひきつけられ、満州は視野から外れる——そして、その火つけ役を板垣高級参謀から託されたのが、暴れ者とも風雲児ともいわれた田中隆吉（陸大34）陸軍少佐であった。

そのとき上海は、満州事変のあおりをうけて、排日気運が盛りあがり、爆発寸前の不気味さが満ちていた。願ってもないチャンスであった。かれは中国人を買収し、昭和七年一月十八日夜、托鉢に回る日蓮宗の日本人僧侶を狙撃させ、一人を殺害、一人に重傷を負わせた。火はまたたく間に燃えひろがった。日中両軍の衝突が起こり（日本軍ははじめ上海海軍特別陸戦隊だけで、兵力三十三倍の精鋭第十九路軍と戦い、苦戦した）、陸戦隊を緊急増派し、陸軍の三個師団、一個混成旅団を送りこんで、ようやく上海を回復することができた。

上海派遣軍司令官白川義則（陸大12）大将は、出発前にいただいた天皇のお言葉にしたがい、三月三日に停戦命令を出し、五月五日に停戦協定を成立させた。その二日前（五月三日）、満州国の建国式典が終わっていた。板垣・田中の謀略は、まんまと成功、陸軍はその巨大な拠点——レーゾン・デートルを手に入れたのである。

ちなみに、三月三日は国際連盟の総会当日で、その日、停戦命令が出されたことで、各国の空気が、ともかくも好転したという。

日本国内では、なおも血なまぐさい政治謀略がつづいていた。三月事件、十月事件は不発に終わったが、第三、第四のクーデターの噂が流れ、襲撃目標として重臣、高官、財界人の名前が伝えられ、その人たちは、またまたおびえて萎縮した。

国家改造グループのうち、三月事件の失敗をうけて動き出した民間の「血盟団」が、一人一殺を合言葉に、要人暗殺をはじめた。二月九日に井上準之助前蔵相、三月五日に財界の中心的地位にあった三井の団琢磨を射殺した。これより先の一月八日には、朝鮮独立運動に参加する一人の朝鮮人が、桜田門外で天皇の鹵簿《ろぼ》に手榴弾を投げた。幸い大事にいたらずにすんだが、そのころの空気を象徴するようなできごとだった。

他方、海軍の青年士官のなかにも、国家改造の革新熱に燃えた人たちがいた。それにしても海軍は、若い者は艦隊に勤務するのが主で、陸軍のように同志が集まることも思うに委せないが、軍縮会議にたいする共通の危機感は強かった。国家改造――政党財閥打倒のための捨て石となって、悩む下層階級を救わなければならぬと計画を練るうち、民間側が「一人一殺」の火蓋を切った。

「この機を失するな」

と、五月十五日、日曜日の夕刻、海軍中尉四名、少尉二名、陸軍士官候補生十二名、民間

決死隊八名、計画にしたがって首相官邸、牧野内大臣邸、政友会本部、警視庁、三菱銀行、変電所（六ヵ所）を襲い、首相官邸組が犬養毅首相を拳銃で射殺した。

首謀者たち全員は、その足で憲兵隊に自首したため、事件はたちまち収束した。だが、この事件の反響は大きかった。それまで一般には、陸軍と民間の一部急進分子だけが政党・財閥に敵対していると考えられていたのが、海軍までもそれに加わり、反政党、反財閥、昭和維新の国家改造に突き進む姿勢を見せたからだ。

――政党政治が、数発の拳銃の音とともに幕を閉じた。これからあとは、軍の意をうけた内閣が、軍の望むところに偏った政治をするように変貌してゆく。

ところが、ここに妙な話がある。

この襲撃計画の内容は、事前に憲兵から陸軍中央要路に漏れていた。しかし襲撃目標が犬養首相や牧野内府だったので、かれらは陸軍から加担者が出ないよう警戒はしたものの、あとは黙って見ていた、という。「代理戦争」をやらせるつもりだったのかもしれぬ。

満州事変で「成功」し、満州国の建国、日本政府の満州国承認にまで引っぱってきた陸軍は、

「断じておこなえば鬼神も避く」

の諺をみずから実証した気構えで、自信満々、勢いに乗って意気天をつくありさま――当時、政界の巨魁を自任した古島一雄翁ですら、

「満州の兵変が成功した後の陸軍は、すっかり逆上して正気では話ができない」

と嘆くほどの勢いになった。

高木惣吉（海大25恩賜）少将によると、さらに具体的だ。

「三宅坂（陸軍省）の息がかからないと地位も得られず、ふところもあたたまらなくなったので、企画院を筆頭に、商工、鉄道、逓信《ていしん》、大蔵、内務、外務と第五部隊の橋頭堡がつぎつぎに各省に強化された。この親軍官僚が、大部分満州か華北で第五部隊適任証を授けられ、内地に戻り、大半が企画院、調査局のエリートとなった。

ところが、第五部隊の増大は官庁方面だけでなく、企業、金融、新聞、雑誌、学界、右翼、とくに政界にはなばなしかったから、百鬼夜行どころではなくなった。

日本の生命線という満州――できあがった五族協和、王道楽土も、なんぞ知らん、カーキ（陸軍）にあらざれば人にあらず、抜けめない財閥さえも締め出し、満鉄、満拓（満州拓植）、満空（満州航空）、電電その他多数の軍が保証した会社は、みなその予備軍とその傀儡《かいらい》一味の独占に終わった」

ひとたび権力の美酒に酔うと、人間は変質するのであろうか。

そんな情況の中で、陸軍は、新たな行動に乗り出した。しらみつぶしに満蒙各地の「兵《へい》匪《ひ》」を掃蕩して熱河省に入り、さらに長城を越えて華北に侵入した。

かねてからこんなことになるのを懸念されていた天皇は、熱河作戦の大命を出されるときも、兵火を華北に及ぼさないよう参謀総長の確約を求められ、その上で作戦を命じられたが、総長の確約など何の役にも立たなかった。

天皇は、すぐに参謀次長に、進撃中止命令を出したらどうかと、強い口調で伝えしめられた。なるほど、進撃は中止され、越境部隊は熱河省に引きあげたが、十日ほどたつと、取って返し、またもや華北に侵入した。国際信義にもとるからという天皇の御意思など、無視してかえりみなかった。

軍隊が自分の意思を持ち、自分で動きだすと、こうなるのである。

それに関連して、政府はもう一つの問題――国連を脱退すべきかどうかを決めねばならなかった。

一年三ヵ月あまり前、満州の実情調査のため国連から派遣されたリットン調査団が、各地を調査し、国連に報告書を提出した。報告書は、

「満州の主権は支那にある」

とし、満州事変がはじまる前の状態にすべてを戻すべきだ、と結論していた。

陸軍の怒りようは凄まじかった。一大事である。かれらのレーゾン・デートルが、揺らごうとしていた。それをうけた新聞の反発も、それに劣らない激しいものだった。

「そんな国際連盟は脱退せよ」

額に青筋を立てて原田熊雄男爵に説くヒゲの荒木貞夫（陸大19首席）陸相の主張は、

「連盟に入っていればこそ、すべての点で拘束されて自由がきかない。連盟さえ出れば、ど

んなことでも思いのままにやっていい。たとえば北平・天津地区だって、必要に応じて占領することもできるし、どこにどう兵を出してもなんらの拘束もうけない。だから、この際、思いきって連盟を出てこそ、むしろ自由な立場になって自由の天地を開拓できるのだ」

であり、そのときの世論には、こういういいかたの方が、アピールした。

「世界の孤児になってはいけない」

などといえば、「弱い」といって、卑怯者扱いにされた。

天皇は、連盟を脱退すべきではないと考えておられた。だが、厳密に憲法を守ろうとされるお立場から、内閣の決定には反対されなかった。内閣から連盟脱退の詔書の発布をお願いしてくると、連盟脱退はたいへん残念であること、脱退はしてもますます国際間の親交を厚くし、協調を保つことの二つを詔書に書きこむよう、侍従長に命じられた。

——日本にとって不幸だったのは、この時期、第一次大戦後のはげしい経済波瀾に加え、天災が踵《くびす》を接して襲い、とくに農山漁村の困窮がはなはだしいにもかかわらず、国家予算の大きな部分が軍事費に消え、その残りで民生を支えねばならず、またそれを担当する政治は、政権争奪しか考えず、かつすでにのべたような政治謀略、テロの頻発で、すっかり萎縮し、活力を失い、対策がすべて不十分かつ後手にまわり、事態をいっそう深刻にしたことだった。

満州事変がはじまった年は、北海道と東北が大凶作に見舞われた。

陸軍部隊が長城を越えて華北に侵入した年は、三陸大地震と大津波が発生した。

満州国に帝政を布《し》き、またまた陸軍青年将校がクーデターを企て（士官学校事件）、海軍がワシントン軍縮条約の廃棄を通告した昭和九年には、函館大火災があり、室戸台風が関西を襲って大被害を出した。

そして、二・二六事件が突発した昭和十一年は、東北の冷害が甚だしく、農民に餓死者が出るほどの惨状を呈した。

さて、その二・二六事件だが——。

前にのべた、事件突発直後の段階、それをとりまく空気を象徴するように、反乱部隊を陸軍省などが「蹶起部隊」と呼び、むしろその機嫌をとっていた段階では、陸軍には同調者、シンパの方がはるかに多いように見え、クーデターは成功したと判断された。

そのレールを踏み外した陸軍を、すんでのことにもとのレールに戻したのは、天皇——天皇の御意志であった。

二十六日、事件の報告を聞かれた天皇は、本庄侍従武官長がそこに立っていられないほどの御気色で、厳命された。

「暴徒をすみやかに鎮圧せよ」

蹶起部隊どころか、暴徒と呼ばれた。

本庄は顔を上げることができなかった。うつむいたまま、御猶予をお願いして、陸軍省に走った。かれが満州事変勃発のときの関東軍司令官だったことを思うと、大成功と胸を張っていた満州事変を、天皇がどう考えておられるかが、よくわかったのではなかろうか。

そして、陸軍がもたもたして、いっこうに鎮圧に出ようとしないのを見られると、

「朕親《みずか》ラ近衛師団ヲ率ヰ、コレガ鎮圧ニアタラン」

と叱咤された。

陸軍省は、二十六日には公然と「蹶起部隊」と呼んでいたのを、二十七日には、いかにも困ったというふうに、「騒擾《そうじょう》部隊」といいかえ、二十八日には、とうとう「反乱部隊」と呼びなおした。

そしてその二十八日早朝、部隊将兵は原隊に帰れ、という大命が発せられた。

しかし戒厳司令官香椎浩平（陸大21）中将は、鎮圧に出るのを肯《がえ》んじない。そして、杉山元（陸大22）参謀次長に談判する。

「青年将校たちのいうことは、かならずしも間違っていない。かれらの望む昭和維新をこのさい実現させ、軍部内閣をつくったらどうか。大命にしたがえば、原隊復帰を拒むものには銃口を向けなければならないが、皇軍相撃つ不祥事だけは、どうあっても避けなければならない。そんなことをしたら、皇軍の光輝ある歴史と伝統に拭うべからざる汚点を残すことになる」

大命を待たずに兵を動かし、殺人を犯した「皇軍」によるテロ、クーデターを、かれは、「皇軍の光輝ある歴史と伝統に拭うべからざる汚点を残」したのではないと考えていたのだ。

おどろいた杉山次長は、

「とんでもない。統帥部は反対だ」

と押しとどめた。すでに、本庄侍従武官長から、天皇の御意志を聞いていた。海軍の動きもあった。かれは必死に香椎を説得し、その夜十一時半になって、ようやく鎮圧にのりだす決意をさせた。早朝五時半に大命が発せられて、なんと十八時間が経過していた。

――永野海相は、満州事変から二・二六事件にいたるこのような経緯と、陸軍の考え方、行動様式を、なによりもまず慎重に、客観的にトレースすべきであった。もしそうしていたならば、おそらく後にのべるような行動をかれはとらず、運命の「転轍器《てんてつき》」を「戦争」にむかって切らずにすんだのではなかろうか。

ややわき道にそれるようだが、二・二六事件にたいする海軍の対応をここで述べて、海軍がこの事件をどう考えていたかについて、つけ加えておく。

海軍の、この管区の警備担当者は、横須賀鎮守府司令長官である。そして、そのときの長官は、米内光政（海大12）中将、参謀長は井上成美（海大22）少将だった。

のち、昭和十九年から二十年にかけての九ヵ月間、日本を終戦にもっていくためのきわめて危険で微妙な時期、海軍大臣と次官のコンビを組んで、それを成功させ、日本を地獄から救い出した。そしてまた、この本で取り扱う昭和十二年末ころ、陸軍の推進する日独伊三国同盟に反対し、米内海相、山本五十六（海大14）次官、井上軍務局長のトリオで、とうとうそれを貫きとおした。米内・井上のその最初の出逢いである。

――二・二六事件発生後の井上参謀長の措置は、早かった。

かねてから準備し、訓練をしておいた特別陸戦隊一個大隊を用意する一方、巡洋艦「木曾」（「那珂」の予定であったが、急遽変更した）に至急出港を命じ、特別陸戦隊をのせて東京・芝浦に急航させる手筈をとった。同時に、参謀を東京に急派し、砲術学校からは、目から鼻にぬけるような気の利いた掌砲兵二十名を海軍省に送り、伝令や使い走りに役立てた。

井上の、この電光石火ともいえる対応には、実は、かれの的確な情況判断が、その前にあった。

五・一五事件のとき、井上は海軍大学校教官で、目黒・上大崎の教官室から事態の成りゆきを観察していた。

「陸軍はきっと、海軍に先を越されたと思うだろう。しかも、将校だけの個人的テロでは効果が薄い、と思うだろう。もしかれらが部隊を使うようだったら、何をするかわからぬ。そうなると、海軍省が危ない」

その後、軍務局一課長になったとき、海軍省構内にいる通信隊に小銃二十梃をもたせ、軍事普及の名目で、戦車一台を構内に運びこませた。

だが、その程度のことで、陸軍「部隊」の侵入を防ぎとめることはできない。横須賀鎮守府参謀長になると、さっそく米内長官の了解を得て、有事の場合の東京救援のシナリオを書き、前にのべた兵力を指定し、リハーサルをし、訓練を重ねて、てぐすねを引いていた。

処置が早いのも、無理はなかった。

またこのとき、軍令部は、大命により、四国沖で演習をしていた連合艦隊を、東京湾と大阪湾に急速回航させた。連合艦隊司令長官は、鼻っ柱の強い高橋三吉（海大10）中将。高速で突っ走り、二十七日、東京湾頭に第一艦隊戦艦部隊を展開させると、反乱部隊が占拠する国会議事堂を照準して、いっせいに四十センチ砲、三十六センチ砲の仰角をかけた。

「三発で議事堂をふきとばしてみせる」

旗艦「長門」の艦橋で、高橋長官は大きく胸を張って豪語したという。

といって、海軍が陸軍相手に、一戦を交えたわけではない。またこの二十七日は、「蹶起」部隊を「騒擾」部隊と呼び変えるか「反乱」部隊とするか、陸軍首脳部が右往左往していたときで、東京湾に浮かぶ巨砲の砲列は、おそらく青天の霹靂《へきれき》でもあったろう。

それ以上に、はじめから「暴徒を鎮圧せよ」と厳命され、一歩も動かれなかった天皇には、力強く感じていただけたかもしれない。

永野の登場

さて、永野が大臣の椅子に坐る前に、じっくり跡づけておかねばならなかった時局の要点を、あらまし述べてきたが、当の永野は、どうだったのか。

永野は海軍大臣、そしてのちの軍令部総長の期間を通じての評判が、当時から、今日までも、あまりよくない。

「土佐ッぽうで、衝動的で、初物《はつもの》好きで、決心が変わりやすい居眠り大将」

ことに山本五十六の、

「永野さんは天才でもないのに、自分を天才だと思いこんでいる」

とか、井上成美の、

「自称天才居士。責任のがれ」

とかいう評は辛辣だが、高木惣吉にかかると、いいところは一つもないほどのヒドいことになる。

いったい、人物評をするといっても、しょせんは評者自身をどこかに映したモノサシを当てがって、長短をいうことになるわけである。山本説についても、

「あれには、永野さんは天才じゃない、自分の方が天才だ、という含みがある。あのころ、イキのいい中将、大将たちは、大なり小なり、みな自分を天才と思いこんでいたものだ」

と述懐する人もある。

ただ、開戦二年前から開戦一ヵ月前まで軍令部戦争指導班にいて、戦うべきか否かを決めるクライマックスの半年間、永野を近くで見ていた大野竹二（海大26）大佐（のち少将）が、

「永野さんは、よく、含蓄のある発言をされた。それを受け取る方に問題のあることがあった」

と漏らした所見には、永野の人となりにたいする貴重な発見があるように思われる。

もともと、日本は万葉の昔から「神ながら言挙げせぬ国」で、その上、海軍ではサイレント・ネイビーと教えられしつけられていたから、言葉によって自己を表現し、あるいは主張

するなど、とんでもなかった。喋ろうとすると、

「いいわけするな」

とぶん擲《なぐ》られる、という雰囲気だった。

必要の最小限しかモノをいわぬ寡黙さが、統率者の要件に数えられた。米内の評判がいいのも、かれが喋り下手で、寡黙だったことが大きな要素になっている。

いいかえれば、誤解されたらされっぱなし、買いかぶられてもかぶられっぱなしであった。

そして、この傾向は、海軍部内はもちろん、陸軍との間の意思疎通にも、思想統一（情況判断の共有）にも、大きなマイナス要因として働いた。

永野が、日本の情況が大転換をする重要な時期、二度も軍縮会議の日本全権として外国に出ていたことは、すでにのべた。その二度の外国出張の間に二年の空間があるが、それは横須賀鎮守府長官に一年、軍事参議官に一年という傍流ポストで埋められていた。情況判断をするのに欠かせないホットな情報の量が、きわめて少ないポストである。

そして、帰朝したばかりのところを、海軍大臣に引っ張り出された。軍縮問題とそれにたいして日本海軍が生き残るための対策——その角度からここ数年見つづけてきたので、かれの視点も価値観も、おそらく強くそれに偏っていたに違いない。

永野にとって不幸だったのは、大臣就任の時機が、たまたま二・二六事件直後であったことだ。

二・二六事件は、すでにのべたように陸軍の意図どおりに展開せず、ことに事態収拾の段階で、天皇の御意思が厚い壁になって撥《は》ね返され、あとひと息というところで、不本意な、というよりは、陸軍の面子を失う形で収束された。

天皇に撥ね返され、非難され、押さえつけられたことで、陸軍は「その存在を問われている」ほどの危機感を覚えた。

「いま、すぐにこの禍いを転じないと、陸軍は大変なことになる」

陸軍省軍務局が中心となり、急いで謀をねり、大反撃に転じた。なりふりかまわず、強引に次期内閣（政治）の主導権を奪うのである。

二・二六事件の後片付けもすまぬ四日後、大命を受けた広田弘毅外相が、組閣工作にかかり、海軍大臣永野修身、陸軍大臣寺内寿一（陸大21）両大将の就任内諾を得た。すると、翌日、突然、寺内が入閣を断わってきた。

「新内閣は革新性に乏しい。国政を刷新し、国防国家体制をつくれ」

それができなければ入閣しない、というのである。陸軍大臣が入閣しなければ、広田内閣は、もちろん流産しなければならない。

これは、重大な転機であった。

もし広田が、二・二六事件後の政治空白を一刻も早く埋めねばならぬ、ということばかりにとらわれず、この機会に日本の政治を軌道に戻さねばならぬと決意していたとすれば、「陸軍の反対によって組閣を投げ出さざるをえない」

ことを天下に公表して、大命を拝辞すればよかったろう。

このときの陸軍は、陰に陽に天皇と国民の非難にさらされ、大命なく軍隊を動かしてクーデターを起こし、重臣を殺傷したという負い目を抱えていた。ここで負い目をさらにふやすことは、得策ではないはずであり、それを梃子《てこ》にして、政治を軌道に戻すこともできたであろう。

事実、せっぱ詰まった広田は、書記官長候補の藤沼庄平に、そのように寺内に申し入れさせた。ずいぶん気力をふりしぼって申し入れさせたとみえ、寺内があわててやや要求を緩和し、妥協の意を示すと、広田はすぐそこで腰砕けになった。その後は陸軍のいうとおり、何もかも呑みこんでしまった。

寺内はその間に、永野を利用することも怠らなかった。永野と連れ立って広田を訪ね、軍の要望をつきつけもした。

「つきあいだから、無下にも断われぬ」

永野はわりに簡単に考えて寺内につきあったようだ。しかし、寺内の危機感――というよりは、軍務局高級課員武藤章（陸大32恩賜）中佐の書いた失地回復のためのシナリオは、陸大優等生の作品らしく、攻撃的で、ソツがなかった。武藤は組閣本部にまで乗りこんで、閣僚詮衡《せんこう》に細かく注文をつけた。

そんなことで難産に苦しんだ広田内閣は、ようやく三月九日に発足した。だが、それと引き換えに高いコストを陸軍に支払った。広田が呑んだ寺内の声明と要望には、こんなものがあった。

「反乱事件の生起は、やむを得ざるに出たものである。軍部は悪くない。悪いのは政治である。まず政治を改革し、政党は出直すべきである」

「対外政策として、東亜における帝国の指導権の確立。ソ連の極東進出を断念させること。中国を欧米依存から脱却させ、反日反満州国の態度を親日に転向させること。対内政策として軍備の充実、国民政策の安定、国体明徴、経済機構の統制、情報宣伝の統制強化を進めること」

広田内閣発足の翌日、お詫び言上に参内した寺内陸相に、天皇は異例の勅語を下賜された。

「近来、陸軍に於て、屢々《しばしば》不祥なる事件を繰り返し、遂に今回の如き大事を惹き起すに至りたるは、実に勅諭に違背し我国の歴史を汚すものにして、憂慮に堪えざる所なり。就ては深くこれが原因を探究し、此の際部内の禍根を一掃し、将士相一致して各々その本務に専心し、再びかかる失態なきを期せよ」

そして、寺内に釘をさされた。

「この趣旨を、よく部下に徹底するようにせよ――」

満州事変から二・二六事件にかけ、陸軍、ことに出先の関東軍や支那派遣軍の思想や行動に、海軍は不快感を通り越して、不信感を抱くようになっていた。

永野も、三月九日、親任式が行なわれる前に閣僚が組閣本部に集まったとき、寺内陸相をつかまえ、文句をいった。

「これまで、対支政策を出先の陸軍が勝手にやっているが、あれは、いかんぞ」

永野は寺内より一年早く大将になっているので、先任者である。

寺内陸相は、元帥・子爵寺内正毅陸軍大将の子息で、いわば順境に育った良家のお坊ちゃん出身だ。大将になっても育ちのよさが抜けないところもあった。

「まったくだ。将来は統一する」

と答えた。話はそれで終わった。だが永野は見落としていた。陸軍のいう「統一」とは、陸軍に向かって統一する意味であり、外交主務は外務省だから、外務省を主体としてそれに陸軍を統一しようというのではない。つまり対支政策を外務省からとりあげて、陸軍で全部をやろうというのだった。軍縮問題に関心を集めている永野には、おそらくそれが読めなかったにちがいない。

その後、陸軍は対支外交を手中に収めるため、手を変え品を変え、努力をつづける。

軍部大臣現役制

さて、天皇から「お叱りの勅語」を賜わった結果——であろうか。あるいは陸軍内派閥の権力闘争がからんでいたからか、三月事件、十月事件、そのほか一連のクーデター未遂やテロ事件などの事後処理が、なんとも煮え切らぬ名ばかりの処分が多く、そのため急進分子を甘やかして事件を続発させたと評されたほどだったが、二・二六事件の場合は、一変した。

徹底的、かつ苛烈峻厳に断罪する一方で、粛軍人事といい、事件を指揮した青年将校たちが「皇道派」という部内の派閥に属していたことから、荒木、真崎の両大将をはじめ、皇道派に属する将校たちを、一網打尽に処分し、根こそぎ力を奪ってしまった。要職に残ったのは「統制派」の将校ばかりになった。

つまりは、二・二六事件は陸軍部内の権力闘争にうまく利用され、統制派が圧倒的勝利を収める結果になった。が、この疾風迅雷、しかも苛酷な断罪で、一番胆を冷やしたのは国家主義者たち――クーデターやテロの予備軍たちであった。組織の力によって政治の主導権を奪い、陸軍の欲する政策をとらせようと考える統制派にとってみれば、広田内閣の組閣に介入して、望みどおりの閣僚人事を得た。

「今後は、クーデターもテロも要らない」

というのであろう。そして事実、クーデターやテロは、これで終わる。

いや、もう一つ二つ、重要な問題があった。

「軍部大臣現役制」を復活させること。さらに「日独防共協定」を締結することである。

そのころ、陸海軍大臣には、現役の者はむろんだが、予備、後備の大将、中将でも当てることができるようになっていた。二十二年前（大正二年）、山本権兵衛内閣が、それまで現役将官制であったものを予後備までに範囲を拡げた、それをまたもとに戻そうという案だった。

山本内閣のころは、政党の力が強かった。そんな情況のなかで、一つ前の西園寺内閣のとき、陸軍の二個師団増設要求を認めなかったことがあり、それを怒った陸軍が陸相単独辞任の戦術に出た。しかし西園寺首相は譲らず、ために内閣が潰れた。

その後をうけた山本首相は、憤慨する政党・国民と、立場が悪くなった陸軍とをバランスにかけ、苦肉の策として「現役将官制」から「予後備将官を含む」官制に改めた。政党側は、もっと範囲を拡げて、だれでも陸海軍大臣になれるようにしろと主張していたので、山本の「大岡裁き」には、陸軍も文句のつけようがなかった。

そんな経緯があったことには、みな、注意をしなかった。

「二・二六事件で追放（予備役に）した荒木貞夫、真崎甚三郎たち皇道派が、陸軍大臣にカムバックしてくるのを封じこめたいから」

と寺内陸相が説明すると、なるほど、粛軍のためなら当然だろうと簡単に考え、反対しなかった。話が陸海軍大臣のことだからと、永野の顔を見る人もあったが、永野も淡々としていた。

「海軍としてはあまり乗り気ではないが、陸軍とのおつきあいで、やむをえなかった」

永野はのちに有田外相に語っている。

しかし、この案の改廃の経緯を知っている枢密院では、つかまった。

「（この）官制案が枢密院で質問攻めにあい、寺内陸相が答えに困ったとき（永野海相が）助け舟を出し……」

法案の通過に片肌ぬいだ。「陸軍とのおつきあいで、やむをえず」片肌ぬいだというのだろうが、この官制の改正が、開戦にいたるまで、陸軍が政治、外交を支配する伝家の宝刀になっただけに、とんだところで清水の次郎長が顔を出したものであった。

さて、永野海相が、就任間もなく（三月十九日付）決裁した海軍部内関係の案件で、

「海軍政策及制度研究調査委員会設置ノ件」

というのがあった。

井上成美が、

「百害あって一利なし」

という、大佐クラスを集めたシンクタンクだが、当時の海軍は、艦隊決戦に勝つための作戦研究にばかり熱中して、戦争研究はしなかった。サイレント・ネイビーという、小さな、内向性の閉鎖社会にとじこもり、海軍以外の事物には口も出さず、何の興味も示さずにきた。それが、ここにきて、陸軍の行動が、捨ておけないほどの重大性を帯びてきた。

多分に泥縄であった。だが、海軍もこれにコミットし、軌道修正しないと、日本がどちらに引っ張っていかれるかわからない。その危機感の産物が、この委員会構想であった。

つまり、海軍省軍務局が、満州事変以来急に政治的発言力を増した陸軍との折衝にふりまわされ、そのため手もとの仕事がすっかり停滞してきた。なんとかその打開策を講じなければならなくなったところに、参謀本部作戦課長に栄転してきた関東軍の石原莞爾大佐が、いわゆる「石原構想」をかかげ、国防方針までも石原色に塗り替えようとする。これにたいし

て、なんとか対抗しなければならなくなったことである。

石原参謀といえば、さきに述べたように満州事変を仕掛けた人物。それが「成功」したので一躍声望が高まり、もはや陸軍をかれ一人で背負っているのも同然で、飛ぶ鳥を落とす勢いである。作戦課長に「栄転」というより「凱旋」した、という方が当たっていた。

「陸軍の対ソ軍備は不十分である。対ソ軍備に重点を指向し、まず北方の脅威を排除しなければならぬ。そのために、海軍と国防国策について思想を一致させ、満州国の育成を強化し、中国と提携する。そして北方の脅威を排除したのち、挙国一致し、東亜団結して、世界最終戦である対米戦争に当たる」

よくよくかれの話を聞いてみると、陸軍が対ソ軍備を整備し、対ソ戦争に勝って北方の脅威を排除し終わるまで、海軍は対米軍備を中止し、海軍予算を陸軍に渡し、国力を対ソ軍備に集中する。そしてソ連をやっつけたら、こんどは国力を全部海軍軍備に集中して、対米戦争をやろう、という意味であった。

海軍は、とびあがった。

「軍備というものを、まるで誤解している。陸軍は、戦争することばかり考えている。軍備は、民族の安全を保障するためのものだ。備えを中止するわけにはいかん」

戦争するための軍備と、生存保障としての軍備。その二つの考え方の相違——いってみれば、ドイツとイギリスの戦争観の違いが、弟子同士の間で表面化した、といえようか。

石原の折衝相手は、軍令部作戦課長の福留繁（海大24恩賜）大佐である。海大で、はじめにのべたような作戦研究に没頭し、優等の成績で卒業した。それだけに、こんな、方角違いの戦争論で、メッケル式陸大を恩賜で出た石原と議論することは、難物中の難物であったろう。

永野海相の決裁した制度調査委員会のうち、第一委員会が、国策と、これを実現するための海軍政策の研究調査を担当し、その意味で、福留をバックアップするブレーンになるはずのものだった。

海軍は、当然ながら「北守南進」で、北（ソ連）に向かって事を起こしてはならぬと考えた。そして、国防強化、人口問題解決、経済発展のために南方を重視すべきで、その南方諸国にむかって、武力によらず、移民と経済の両面で漸進的かつ平和的に進出すべきだ、とした。

だが陸軍――参謀本部では、石原構想を軸として新しい国防方針を決めようとしていた。

「英米、とくに米国との親善関係を保ち、ソ連と英国を攻撃して対米決戦の準備をする間、軍需物資を供給させる。そして、まず全力をあげてソ連を屈伏させる。ソ連が屈伏したら、つぎは英国を実力で東亜から駆逐する。その間、日中親善しつつ米国との大決戦に備える。また、ソ連攻撃準備を整える間に、外交手段でシベリア方面のソ連軍を欧露方面に引き揚げさせる計画を考える」

最後の部分が、このあと、日独防共協定という扮装をして登場することになるが、それにしても自分につごうのいいことばかりを一方的に並べたものだった。イギリスとアメリカは、くさびを入れれば分けられるとか、アメリカは「最終戦争」で自分が攻撃されるまで、せっせと日本に石油などを供給しつづけるとか。

海軍は大反対だった。あいた口がふさがらなかった。

三ヵ月ちかく揉み合ったあげく、それでもどうやら妥協が成立した。それはよかったが、その過程で、国防の目標として米ソのどちらを先に文書に書くか、米ソとするか、ソ米とするかで争いになった。

「メッケルの弟子たち」は手ごわかった。「国防方針」を書きあげたら海軍はくたくたになった。

国防方針というのは、起案するのは参謀本部であり軍令部であっても、これは「国」の方針であるから、責任者は陸海軍大臣になる。統帥部の間で、米ソに軽重の差はない、と妥協しても、寺内陸相のところに話がいくと、苦情が出た。

「国防方針に、目標として露国、米国に差等なしというのは不可解だ。まずソ連ならソ連を始末するために、力を第一につくすことが当然ではないか」

おどろいた永野は、得意の譬《たと》え話で、なだめた。

「国境を接しているからソ連が危険で、遠くに離れているから米国は危険でない、ということはない。近くにいる者が刀を持ち、離れている者が銃を持つということもある。どちらが危険かといって論争しても結着はつけにくい。この点、両統帥部の結論に委せたらいい。上海事変のとき、米国のスチムソン（国務長官）が強硬な要求を出したのに、作戦部長のプラットが反対したのは、日本海軍が充実していたためだった」

寺内は頰をふくらませて聞いていたが、文句はそれまでで口をつぐんだ。そして国防方針案は外務、陸軍、海軍の三相会議をパスしたという。

だが、これに関連して軍令部総長が上奏した対米情況判断は、明らかに間違っていた。いつも、そのとき入手できるベストの判断を天皇には申しあげるのが当然だから、それが間違っていたことは、五年後の開戦決意にいたる判断の積み重ねの土台をつくり間違えたわけになる。

「〔対米情況判断〕――米国海軍は、

㈠、依然として大艦巨砲主義をとりつづける。

㈡、主力艦（戦艦）をもっとも重視し、つぎに航空母艦の優勢を保つだろう。巡洋艦以下は英国海軍と均等を保つことを考えて相当量を増勢しようとするだろう。

㈢、東洋方面の局地防備は、かれが渡洋作戦でかならず勝てるとの確率を持たなければ強化しようとしないだろう。しかしハワイとアリューシャン群島方面の防備は、ますます強化するだろう。

㈣、建艦競争でいつも先頭に立ちつづけることは、米国でも容易ではないだろうから、日米の比が七対十、ないし八対十であれば満足し、かならずしも六対十の比率を固執しようとはしないだろう」

この——誤った——情況判断を軍令部総長が上奏する中で、

「……現下の予想にては、今後おおむね十年間は、対米七割ないし八割の比率は保有しうる見込みでございます……」

と申しあげた。言いかえれば、

「無条約時代に入っても、昭和二十年ころまでは対米七割ないし八割、つまり、対米一国作戦では必勝の確算をもつことができる」

と判断していたのである。

たしかにそのころ米海軍は、昭和九年に成立した第一次ビンソン案で、軍縮条約の限度までの建艦をすすめていた。それを横睨《よこにら》みしての軍令部の判断だった。

ところが、実際には、米海軍は昭和十三年と十五年六月に第二次、第三次のビンソン案、十五年七月には、いわゆる「両洋艦隊法案」と呼ばれるスターク案をやつぎばやに打ち出し、成立させ、実行した。日本海軍はどう焦り、足掻いても、国力、生産力、技術力の格差のために追いつけなくなった。その結果、日米の海軍力の差が開きすぎて、作戦計画が立てられない窮地に追いこまれてしまうのである。

誤判断はこわい。しかも、その誤りを、決定的な第三次ビンソン案とスターク案が成立する昭和十五年——開戦の一年前になるまで、だれも気づかなかった。陸軍がとりかえしのつかぬ方向に走っていくのを遠目に見つつ、軍縮による劣勢海軍ながら、すこしでも実戦力を高めようと、ひたすら軍備と猛訓練に熱中するのであった。

日独防共協定

石原構想を下敷きにして陸軍がまとめた国防方針案の中に、シベリア方面のソ連兵力を外交的手段によって欧露方面に移動させるという項目が入っていたことは、前に述べた。つまり、ソ連を対象とする日独軍事協定を結び、ドイツ軍によってソ連軍を西に牽制してもらおうという腹づもりである。

他力本願ふうではあっても、陸軍は必死であった。

そのころ、ソ連は、第一次五ヵ年計画を終わって国防力を飛躍的に増大させ、さらにひきつづき第二次五ヵ年計画に入っていた。四年前（昭和七年）ころから極東兵力を増強しはじめ、三年前からはソ満国境全域にわたって永久築城地帯をつくり、二年前からは航空部隊の強化をすすめ、とくに南部沿海州方面に目立って多数の重爆撃機を配備してきた。

北から迫る脅威に対抗することを建軍以来の伝統的使命とする陸軍にとって、これは軍の存在価値にかかわる重大問題であった。

満州、内蒙古を手に入れ、対ソ防衛線を大きく北に推進してソ連国境にまでいたったことは、たしかに理論的には安心感を増したが、現実には、敵味方の間合いが縮まったせいで、逆に危機感がつのるばかりであった。

参謀本部の意をうけた大島浩（陸大27）駐独陸軍武官が、日独協会理事ハックの仲介でドイツ・ナチ党のリッベントロップに会い、日独間協定についての話し合いをはじめた。昭和十年五月、六月ころのことであった。

協定の趣旨は、

「日独のどちらかがソ連と戦争状態に入る場合、他の締結国はソ連の戦争遂行を実質的に容易にさせるような方策はとらない」

というもので、たとえば日本がソ連と戦争状態に入った場合、ドイツは、参戦して対日支援はしないまでも、少なくともソ連が戦いやすくなるような方策をとらないという約束である。

ところが、おどろいたことに、こんな「国家」としての外交上の交渉をすすめながら、参謀本部は政府にも海軍にも、ひとことも話さなかった。海軍が知ったのは、駐独海軍武官が前記のハックの話を聞き、その後しばらくしてハックが来日し、友人の海軍省副官にそのことを話したから確かめることができたので、参謀本部や政府から話されたからではなかった。

「おかしなことをやるじゃないか、陸軍は」

「フランス革命の花形のミラボウって男が言っている。プロシャ（ドイツ）は陸軍を持っている国ではない、国を持っている陸軍だって。そのプロシャ陸軍（メッケル）の弟子だからナ、日本陸軍もおんなじさ」

憮然《ぶぜん》とした口調で、海軍省副官が嘆いた。

海軍や政府が知らないうちに、陸軍は日本を勝手な方向にもっていこうとしていた。満州事変や上海事変とおなじ筆法である。しかも、それが第三国、たとえば米英ソなどにどんな影響を与え、そのために日本がどんな苦難の道を歩かねばならなくなるかまでは考えないで。

「いや、陸軍の佐官級以下では、三年後の昭和十四年を期して、ドイツと東西相呼応してソ連を挟撃しようと考えていた。そのための大軍備計画を裏づけるには、是が非でも日独軍事同盟を締結しなければならなかったのだ」

という人もあった。

そうするうちに、陸軍はさすがに日独交渉を外務省に移してきた。ようやくこれで正式ルートにのったが、そうなると永野海相は抗議した。といって、これを潰《つぶ》すわけにもいかない理由があったから、なんとも迫力のない抗議になったが。

「海軍としてはドイツに好意をもってはいるが、政治的に日独が提携するのは現状ではよくないと考えている。……この時機にイギリスをネグレクトしてドイツに対することは考えられない」

日独防共協定に正面切って反対しにくい理由の第一は、前年夏、モスクワで第七回コミンテルン大会が開かれ、そのときの「反ファッショ人民戦線戦術に関する決議」で、当面の敵を「日独ファシズム」に絞り、いっさいをあげてこの「日独ファシズム」打倒に集中することに決定していたことである。

第二は、日本海軍の中の対独感情が変わってきたことである。もともと海軍は、イギリスに教えてもらいながら育ってきた。しかしワシントン軍縮会議のときにイギリスが日英同盟を破棄した後は、技術供与も拒否するようになった。困り果てたあげく、ドイツから技術援助を受けようとしたが、そのころから、情況が変わった。

第一次大戦が終わり、日本は戦利品としてドイツの潜水艦を受けとった。調べてみると、技術と工作の水準が何から何まで日本を超えていて、遠くこれに及ばなかった。そのほかにも、大砲、砲弾、火薬、飛行機、光学機械などにわたり、世界のトップをゆくドイツの科学技術に度肝をぬかれた。逆にいえば、そのくらい日本海軍の科学技術水準は低かったのだが、それから日本海軍は、一気にドイツに傾斜した。

それまでイギリスやアメリカに派遣していた大使館付海軍武官を頂点とする補佐官、駐在官、留学員、監督官たちの数がしだいに減り、ドイツへのそれが逆にふえた。そして、興味あることだが、英米に派遣された軍人たちは、親英米になって帰ってきた人もあったが、逆に英米ぎらいに変身して帰ってくる人が相当あった。ところが、ドイツに行った軍人たちは、水があうのだろうか、ほとんどが親独、いや、信独になった。それも、何年も滞在してそうなるのではなく、調査とか視察とかの目的で比較的短い期間滞在して帰ってきた者までがそうなったからふしぎだった。

「あの戦争は親独派がはじめたものだ」

と海軍要路にいたものが、戦後、異口同音にいうのも、親独派とされる人たちが、いずれも第二次大戦でのドイツの勝利を信じて疑わなかったからだ。

ドイツが勝てば、日本の描いていた思惑がすべて成り立つ。さらには、ヨーロッパで勝利を収めたドイツが勢いを駆ってアジアにも進出し、片端から要地を押さえる心配も出てきて

（腹の底にはドイツ不信があったのだろう）、その前に資源地帯と戦略要点は占領しておかないと、あとで泣きをみそうにもなってきた。

ちなみに、ここでドイツ帰り――そのころの状況からいえば親独派とみられた人たちのなかから関係のある人を選ぶと、こうなる。

開戦にいたる重要な期間、軍令部次長と一部長（作戦部長）だった近藤信竹中将（第二艦隊司令長官）、宇垣纏少将（第一部長、のち連合艦隊参謀長）、横井忠雄大佐（軍令部戦争指導班長、のち駐独武官）、小島秀雄大佐（駐独武官、のち軍令部第三部課長）、高田利種大佐（軍務局一課A局員、のち軍務局一課長）、神重徳中佐（軍令部作戦班長）、柴勝男中佐（軍務局一課、のち二課局員）、吉田英三中佐（軍務局一課局員）、山本祐二中佐（軍令部作戦課部員）、溪口泰麿中佐（駐独武官補佐官）など。

日独防共協定は、十一年十一月、ベルリンで調印された。

どうも永野という人は、制度の改革というと妙に闘志を湧かすようなところがあるらしい。ただそれが、残念ながら、とかく尻切れトンボになってしまうのである。前にのべた海軍兵学校の教育制度改革では、かれが兵学校から一年半で軍令部次長に転出すると、もとのもくあみに近くなったし、こんどの制度調査委員会も、広田内閣が十ヵ月で総辞職したため、これまた宙に浮いてしまった。

ただし、兵学校のときと違い、すべてがゼロになったのではない。昭和十五年十一月に創設された兵備局――軍務局の負担が重くなりすぎ、そのなかから兵站《へいたん》事務を分け、一つの局を新設してそれに担当させるようにしたものは、この委員会の研究が実ったものだ。

　また十五年十二月に発足した「海軍国防政策委員会」（政策委員会と略称）——陸軍の政治力に海軍として対応することを目的とし、国防政策を処理し、海洋国防国家態勢と総力戦準備を図ろうとした委員会は、宙に浮いていた制度調査委員会を下敷きにして作られたもので、永野の見通しがよかったことを示していた。

　さらに機関科将校と兵科将校の間につくられていた指揮権の上の差別——兵科将校（主に海軍兵学校出身者）の後でなければ機関科将校（主に海軍機関学校出身者）は指揮権を行使できないという「軍令承行令」できめられた差別を不当として、これを一本化（一系化）すべきだと前々から問題にされつづけてきたことへの対応がある。

　永野海相は、いらだちを強めている機関科将校の情況を見て、

「これは、急いで解決しなければならぬ」

と、軍務局長豊田副武中将に研究を命じた。

　局長が主宰した研究委員会は、しばらくして答申を提出した。

「一系化することは不可である。機関科将校はエンジン・ドライバーにすべきだ」

　その説明をうけた永野は、豊田に反問した。

「局長は、いったい、この結論を実施する自信があるのか」

　豊田もまっ正直だ。

「自信ありません」

「それじゃ答えにならんじゃないか」

といって、やりなおさせるわけにもいかない。そこで永野は、横須賀鎮守府参謀長をしている井上成美を引き抜いた。永野の目利きで引き抜いたのだが、あまりにも藪から棒だったので、なぜいまごろ軍令部出仕兼海軍省出仕などという、宙ぶらりんの仕事につかねばならぬのか、井上にはまるで見当もつかなかった。

「この委員会答申は君に渡す。これを参考にして、これにとらわれず、君自身の結論を出してみてくれ。期間は一年。人はつけぬ。君一人でやれ。しかも秘密に、だ」

永野らしい短兵急な命令だった。

「これは、たいへんなことを押しつけられてしまった」

井上は、驚くやら嘆くやらしたが、仕事に入ると、さすがに井上らしい科学的、分析的な方法で、研究を進めた。そのうち、広田内閣が総辞職、永野大臣は米内光政にあとを委ね、連合艦隊司令長官に出ていった。

ついでに、井上の研究と一系問題の結末にふれておく。

井上は、委員会答申を検討したが、それが「一系化すべきでない」という固定観念にとらわれたものであることを知ると、カバン一つさげて兵学校と機関学校に出張。泊まりこみで、教科書から教育の実態にいたるまでを実際について克明に調べあげ、結論を得た。

「一系化すべきである――機関を兵科の中の一つの術科（砲術、水雷、通信などと同様に）とし、兵学校の修業年限をいまの三年から四年にする」

この答申は、米内海相、山本次官の賛成を得たが、のち海相になる嶋田繁太郎軍令部次長の反対で、陽《ひ》の目を見ぬまま次官室の金庫にしまいこまれた。嶋田次長の反対というより、その背後にある伏見軍令部総長宮が反対だから、どうしようもない、というのが公然の秘密であった。

そして、「一系問題」は、太平洋戦争開戦一年後に一歩をすすめ、開戦三年後になってようやく井上答申が実現した。答申提出後、七年がたっていた。

永野人事

さて、昭和十二年一月二十一日の議会で、政友会の長老浜田国松代議士と寺内陸相との間に、有名な「腹切り問答」が突発した。

せんじつめると、言葉尻をとらえてのやりとりで、子供じみたものには違いなかったが、一方が「議会制度刷新」を条件に広田内閣に入閣し、政党出身閣僚をわずか四人に押さえこんだ陸軍代表寺内大将であり、他方がそれに危機感をつのらせ、陸軍の独裁的行状を痛憤する政党代表の超ベテラン、浜田代議士であったため、

「速記録を調べて、僕が軍隊を侮辱した言葉があったら、割腹して君に謝する。なかったら、君割腹せよ」

というところまで、いってしまった。

しかも、このとき現場に居合わせた朝日新聞の杉本記者によると、

「両者のやりとりが次第に激しくなっていくにつれて、さすが弁護士であるだけに浜田の舌鋒が鋭くなり、お坊ちゃん育ちで人はごくいい寺内が、受け太刀気味に見えてくる。議席内に寺内への野次怒号がとびだして、一時はどうにもならぬ混乱となった」

その間、大臣席では、

「広田首相はじめ多くの閣僚の中には、目をつむって沈思黙考しているのもいたが、多くはやりとりを心配顔に見ていた。寺内の顔が、分秒きざみで赤くなる」

「そういう中で、永野海相は狸寝入りをしていた。ひときわ目立つ大男だけに、よくわかった」

永野の居眠りは、知る人ぞ知る、であった。

一度ならず私も、その現場に立ち会うことになったが、すぐ隣で、ないしすぐそばで観察していると、どうも狸寝入りではなく、軽いいびきも入る熟睡らしかった。短い時間の熟睡らしく、たとえばくわえた口付煙草の朝日が、口のあたりでフラフラして、灰がいまにも落ちそうになると、うまいぐあいに目を覚まして、灰を落とし、また居眠りに入る。話が終わるころ、またうまいぐあいに目を覚まし、要点を衝《つ》いた質問を一つ、二つする。

「狸寝入り」よりもっとよくないのかもしれない。これは聞かなくてもいい話だと思うと、すぐ眠ってしまい、眠りながら、頭のどこかで、話のなりゆきだけは押さえている——これは、永野の特技といってよかった。

しかし、事態は、かれの予想を超えた速さで、思いもよらぬ方向へ、逸走しつつあった。

その夜の院内閣議で、昼間の余憤さめやらぬふうの寺内陸相が、

「かような時局認識を誤っておる議会では、円滑な政治の運営はできない。よろしく衆議院を懲罰解散すべし」

といいだした。もともと陸軍は、広田内閣成立のとき、寺内が声高に申し入れたように、

「議会制度を刷新せよ」と要求していた。つまりは、政党政治などやめて、ナチス・ドイツのような一党独裁制にせよ、ということだが、その目で見れば、いまこそ政党潰しの好機が来たわけであり、さらにいえば、浜田代議士はまんまとワナにひっかかったことになる。もちろん寺内は、テコでも動かぬ。

ついに広田首相は二日間の停会を奏請し、その間に事態の収拾をはかることにしたが、あわてたのは永野であった。

ロンドン軍縮会議にかれ自身が日本全権として出席し、脱退を宣言してきた結果、今年の一月一日から無条約時代に突入した。この新時代に対応するため、海軍が知恵を絞った最初の大型予算を本議会に提出していた。もし議会を解散したら、予算成立が一ヵ月や二ヵ月は遅れる。

「遅れたら、国運にかかわる。なんとしても海軍予算を成立させねばならぬ」

そのためには、解散だけは避けたい。身を粉にしても、和解を許らねばならぬ、と悲壮な決意を固めた。といって、後世、「政将」という変な類別をされる永野だが、船乗りに政治の裏表がわかるはずもない。

「とにかく、当たって砕けろ、だ。政治だからといって尻込みしていたら、大事を誤る」

そこで、山本五十六次官にも相談せず、一人で、かれ一流の陽性の判断と決心で動き出した。

寺内陸相と政党との間の調停をはかるため、その日の午後十一時半ごろと午前一時ごろ、それぞれ民政党総裁と政友会総裁を訪ね、なんとか解散、総辞職とも避けようとした。

政党総裁との話し合いは、みな同意見なのでうまくいったが、永野の動きを見た陸軍省軍務局は、すばやく打ち壊しに出た。陸軍次官が山本次官を、陸軍軍務局長が豊田軍務局長を訪ね、陸軍の衆議院懲罰的解散の決意と、政府がそれに応じない場合は寺内が単独辞職をする、と通告し、一方で、永野の寺内訪問を拒否した。

これには、永野も処置に窮した。

広田首相としても、陸海軍大臣がこうも意見が食い違い、歩み寄りのめどが立たなければ、総辞職のほかなかった。

このときの永野を、ドン・キホーテなどと評する人もあるが、いささか結果論にすぎるようだ。

たとえば人事の問題。他の四人の海軍大臣の人事が、井上成美のいう「でくのぼう大臣」ばかりを後継者に選んだのと比較すると、あとあと海軍の重大な屋台骨を築いた、いわゆる「三羽烏」を抜擢《ばってき》したのは永野であり、この点、かれの人を見る目は、群を抜いていたことを証明した。

まず、山本五十六。

それまでに山本は、軍縮会議に二回出かけ（ロンドン会議には随員として、ロンドン予備交渉には日本代表として）、航空本部技術部長、航空本部長として独自の政治手腕を発揮し、そのころまだ幼児期にあった海軍航空を一本立ちさせたばかりか、世界第一級のものにまで仕立て上げた。

それを認めたからか、永野が直接山本を呼んで次官にしようとしたところ、山本は言下に辞退し、ガンとして言葉を変えない。

永野は怒った。

「去年、僕が軍縮会議の全権を拝命して随員を頼んだときも、君は一蹴した。こんど、次官になってくれというと、またことわる。いったい君は、この僕が嫌いなのか」

容貌魁偉の顔を朱に染め、嫌いなのかと詰め寄られては、一徹者の山本も、「ノー」とはいえない。海軍とは、そんなところでもあった。

次官になった山本は、だれそれから祝辞を述べられると、

「ちっともめでたくなんかない」

と本気で怒ったそうだ。しんから永野が嫌いだったらしい。広田内閣の末期、永野が政党を駆けまわり、それを梅津陸軍次官からねじこまれると、

「あれは海軍としてでなく、永野修身個人として動いたのだ」

と奇妙な釈明をしたくらいだ。

「永野さんは天才でもないのに、自分で天才だと思いこんでいる」

その後、折あるごとに山本がくりかえす永野評は、このときあたりの痛切な所感から湧き出したもののようにも察せられる。

さて、井上成美を中央に引き寄せ、機関科将校の一系問題を研究させたのは、前にものべたとおり、永野大臣であった。

井上は、のち海軍兵学校長になり、永野が校長時代に発足させたダルトン・プランを嫌い、こんな話を残している。

「永野元帥は兵学校長時代、生徒の天才を伸ばしたいと、しきりに天才教育を主張し、ある程度、兵学校にこれを実施した人である。これが長年害を残したのだが、本人はそれが気に入らない（山本元帥いわく、自称天才居士）。もし（永野元帥に生徒への訓示を願ったとし）生徒の前に立って『天才を伸ばせ』などと一言でもいわれたら、井上の百日の説法屁一ツとやらで、私の方針は茶々を入れられる……」

この場合の「天才」は、「天分」と読みかえた方がわかりやすいところもある。しかし井上は、海軍兵学校の教育は画一教育でなければならず、天才教育はすべきでないという。

「理由は至極簡単で、兵学校卒業者は全員、卒業と同時に海軍少尉候補生を命ぜられ、また年ならずして海軍少尉に任官する。……ゆえに、本校卒業者には一様に、この任官に必要な最低限度の能力（徳、智、体）だけは身につけさせて卒業させねばならぬ。兵学校の教程は、その基準である。したがって、兵学校教育の目標は生徒全部をその水準に達せしめることであり、万一この水準に達しない者があれば、卒業させるわけにいかない。将来ともこの水準に達せしめる見込みのない者は、退校させねばならない……」

そういいながらかれは、さらに、

「この意味での教育を実施するとき、生徒一人一人はみなそれぞれの天分をもち、本人が気づかずにいることが多いから、教官がこれを発見し育てる気持ちで教育する広い意味での天分教育、啓発教育は当然おこなわねばならない」

とも述べているから、結局は、平均的海軍少尉をつくるという限定された教育目的があって、一人一人の天分を伸ばすまでには手が及ばない、ということである。その結果として、兵学校の有名な一方通行的強制注入画一教育が行なわれてきたわけだが、その井上を永野が目をつけて、一系問題研究のために引っぱってきたから、皮肉というか、おもしろいというか。

さて、米内光政である。

米内を自分のあと釜として海相に据えようとしたのも、永野であった。

朝日新聞の杉本記者によると、永野は大臣のとき、一時体調を崩したことがあった。不安を感じたのか、かれは内密に米内に後継大臣を引き受けてくれと希望を伝え、意向を打診したり、工作したりしたという。この秘密は、厳重に守られたそうだ。

井上成美の伝記で見ると、ある夜、寺島健中将（軍縮会議後予備役に編入された穏健派の俊英で、当時浦賀ドック社長）が米内を横須賀の長官官舎に訪ね、大臣出馬を打診した。その知らせを聞いておどろく井上へ、米内は答えた。

「いやだと言っておいたよ。僕は、やらないよ」

永野の人を見る目が、さらにこれで裏づけられたことになるが、この面から永野を見る人は、ふしぎなくらい少ない。

ところで、広田内閣総辞職必至となってからの次期大臣選びである。これは、現大臣永野の所掌である。

新聞あたりでは、呉鎮守府長官藤田尚徳大将の下馬評が高かった。温厚な紳士である。しかし山本次官は、ここはどうであっても米内中将（四月一日付大将）でなければならぬと、固く信じた。

山本は、軍務局一課長の保科善四郎（海大23恩賜）大佐をつついて、永野大臣に意見具申をさせた。こんなとき、山本の口からそう永野にいわないのが、微妙なところだ。

「課長級では、永野・米内入れ替わりを願っております」

しかし永野は、前記の打診で米内から断わられていた。私は政治は嫌いだ、と米内がいったとも聞いた。

「米内は君、政治家じゃないよ。受けないよ」

「では私がお使いにいってまいります。よろしいですか」

永野の許しを得た保科は、渋谷竹下町の米内邸に急ぎ、二階の応接間で米内に会った。

「われわれこぞって、米内閣下に出てくださるよう願っております」

と懸命に、くりかえし頼みこんだ。

「米内さんは欲のない人だから、ここまで頼んだら受けてもらえる」

保科は、こおどりしながら海軍省に帰り、大臣に復命した。

永野は、「信じられない」といいたそうな表情で、保科の顔を凝視していた。寺島を使者に立てて内話したとき、あまりにも米内がはっきり断わってきたので、それが豹変するとは、ちょっと信じられなかった。

報告を聞いたあと、永野はおそらく伏見軍令部総長宮に相談にいったのであろう。前にものべたが、そのころ伏見宮は、昭和七年以来ずっと軍令部総長の椅子にあって、もはや名実ともに赤レンガのぬしであり、いつごろからそうなったのか、海軍省、軍令部のトップ人事は、宮様の諒解を得るのがしきたりになっていた。

永野が米内に会って、話を切り出すと、やはり米内はウンといわなかった。南国土佐の永野が、東北は岩手の米内を説き伏せようというのだから、うまくいくはずはなかった。もし反対に、永野が岩手出身で、米内が土佐であったら、東北特有の粘りで永野が押すのに、米内は閉口して、「まあいいや。やりましょう」くらいいったろうと思われるが。

しかもこのとき、米内は念願の連合艦隊司令長官であり、出港直前の旗艦「長門」に戻る長官艇に片足かけて乗ろうとした横須賀の逸見《へみ》波止場で、永野の急電を受けて乗るのをやめ、そのまま上京してきたのだから、機嫌のいいはずはなかった。

そこへ、海軍省の三階（軍令部のフロア）から軍令部副官がおりてきて、

「総長がお待ちになっておられます」

と迎えにきた。のち、米内が杉本記者にいった。

「軍人というのは、君、大砲を射ったり、魚雷を射ったりすることばかり教わってきたろう。それが大臣だなんて。政治の話は、とくに僕などのような砲術屋《てっぽう》（砲術専攻者の俗称）には向かんよ。永野に口説かれたが、どうしても嫌だといっていると、三階で宮様が待っておられて、それでのっぴきならなくなってね」

海軍では、

「宮様（皇族）は天皇に次ぐ権威を持っておられる」

と考えていたころの話である。

米内のクラスメート高橋三吉大将が、

「君はせっかく僕の後任として連合艦隊長官になったのに、大臣なんかになってしまって気の毒だ」

と慰めた。すると米内はよろこんで、

「そういってくれるのは、お前だけだ。世の中の人は、大臣はたいそう偉いと思って祝電などくれるが、大臣は軍属だ、俗吏だよ」

とにかく、迷惑この上ない人事だ、と米内は固く思いこんでいた。

永野のこの人事は、山本、井上の人事の上をいく大ヒットだったが、といって米内自身にとっては、このくらいおもしろくないポストもなかった。統率者であることを最高の栄誉だと考えていた連合艦隊長官の米内が、逸見波止場で回れ右をさせられたことは、いかにも象徴的であった。

かれの運命の転機であり、かれによって、のちに日本は本土決戦を免れたのだから、日本の運命にとっても転機であった。

第二章　米内光政

広田内閣総辞職のあと、組閣の大命が宇垣一成（陸大14恩賜）陸軍大将に降下した。国民も政党も財界もこれを大歓迎したが、陸軍は、宇垣が首相になったのでは石原構想を実現できなくなると思いこみ、石原をはじめ若い将校たちが死に物狂いの抵抗をした。

「すでに林銑十郎陸軍大将や近衛文麿公爵が石原プランを鵜呑みにする条件で待機しているときに、保守勢力の代表である宇垣大将が総理になって、革新の歯車を逆転されてはたまらない」

といいたて、さっそくに永野・寺内の置き土産――軍部大臣は現役大・中将とする、という規定を楯にとり、内閣に陸軍大臣を送ることを拒否した。

宇垣は、憤激した。

「大命をおかすものではないか」

となじったが、陸軍はすでに満州事変で「大命をおかして」いた。二・二六事件もそうであった。宇垣の抗議が聞かれるはずはなかった。

「軍の総意などというのは嘘である。私が出ると、陸軍省、参謀本部の局長、課長数名が自分たちの身辺が危ないと考え、わがままができないと策動しているのが実体だ」

と宇垣は憤るが、だからといって、前に部下だった寺内などから、

「大局からみれば閣下の御出馬が国家のために最善と思っておりますが、なにぶんにもそれで粛軍工作が破壊されるとか、軍の統制が乱れるとか騒ぎますので、なんとか、まげて御考慮願いたい」

といったことをくどくどと繰りかえして泣きつかれると、「陸軍の情況は寒心に堪えぬ」とは嘆いても、いまさらどうすることもできなかった。

宇垣内閣流産のあとを継いだ林銑十郎（陸大17）内閣は、猛烈な不人気で、三ヵ月で倒壊した。そして昭和十二年六月四日、陸軍待望の第一次近衛内閣が誕生した。海相には林内閣からの米内が、次官には山本が留任する。

期待された米内も、しかし林内閣のときは鳴かず飛ばず。見かけはいいが使いものにならないという意味で「金魚大臣」などと悪口をいわれた。

その米内が、近衛内閣になると、存在を鮮明にしはじめた。内閣成立四ヵ月後、横須賀鎮守府時代のコンビであった知謀の井上成美を軍務局長に据え、政略の山本とあわせて当時の海軍のベスト・メンバーを揃えた。いわゆる「海軍三羽烏」として、突進する陸軍の前に立ちはだかるが、それはしばらく後のことになる。

盧溝橋の銃声

日本の命とりになった日華全面戦は、近衛内閣成立約一ヵ月後の七月七日午後十時四十分ころ、北平（北京）西郊、永定河に架かる盧溝橋付近で夜間訓練中の歩兵第一連隊第三大隊第八中隊が、十八発の実弾射撃を受けたことにはじまった。

六年前の満州事変の発端が、関東軍の謀略によるものであったため、盧溝橋の場合もそれとおなじだと思われがちだが、また今日では、時日が隔たりすぎて、物的証拠を集めてどちらの仕業だったかを立証することは困難になっているが、そのころ第三者の立場で日華双方を調査した北平大使館付武官と北平特務機関補佐官それぞれの報告（当時としてはもっとも客観的調査と考えられたもの）からすると、その付近に配備されていた宋哲元将軍麾下《きか》の第二十九軍の一部が誤って発砲した偶発事件の可能性がもっとも大きいという。

発砲直後、中国軍指揮官が必死にその発砲をやめさせようとしていたし、射たれた日本軍第三大隊は、夕食後に、夜食の用意もせず、鉄カブトも持たずに出かけていたこと。また中国軍との衝突を避けよという命令が小部隊にも徹底していたことなどが理由にあげられている。

そうだとすれば、この発端は、日華双方にとってこれ以上の不幸はないものであった。

第三大隊は、そのとき一発の反撃もせず、「隠忍自重」して営舎に帰った。大隊長は、一木清直少佐。

かれは五年後、米軍が反攻を開始したガダルカナルに、飛行場奪回のため第一陣として乗りこみ、不意に、戦車に包囲されて自決をとげる。それが米軍大反攻の序幕になったことを思うと、この人にまつわるなにか因縁めいたものさえ感じさせる。

重要なのは、この時期の中国の抗日運動の高まりは、中国人の鬱積したナショナリズムによるもので、満州事変以後の日本軍と日本政府にたいする不信感がさらに火に油をそそいだこと、それに約半年前の西安事件以来、蔣介石の率いる国民政府と毛沢東の中国共産党が握手し、国共合作が成立して抗日戦に全力を集中するようになった。それが抗日戦の根を一層深め、軍隊を含めて中国国民の意識を一層強く固くしたことであった。

しかし日本軍、政府、国民は、明治の日清、日露戦争のころの中国と中国人にたいする認識をほとんどそのまま、このような時代の変化を洞察する明を持たなかった。

ともかく、その夜、営舎に帰った一木大隊は、翌八日午前三時半ごろ、こんどは作戦行動を命じられて出動したが、そこで第二回目の射撃をうけた。

牟田口廉也（陸大29）第一連隊長は、攻撃前進を命じた。

「協定違反をこれほど重ねるなら、もう容赦はできん。断乎膺懲《ようちょう》の一撃を加えて猛省を促す。それが事件を拡大させないためのもっとも有効な手段だ」

そこへ、作戦指揮のために河辺正三（陸大27恩賜）旅団長がかけつけてきた。

「敵はともかく、日本軍だけにはあくまで協定を厳守させる。馬鹿正直といわれてもやむをえない。不拡大の根本方針に徹するのだ」

と決意を固めていたが、来てみると牟田口大佐は連隊命令をすでに出していた。兵もすでに行動を起こしていた。それを知ると河辺少将は、黙りこんだ。黙ることは、協定厳守の方針を捨てることになるが、それでもかれは黙りつづけた。

「協定厳守と断乎膺懲とは見解が違っているが、いま連隊命令を撤回させ、部隊を引き返させることは、高級指揮官としてとるべき策ではなかった」

とあとで河辺は説明した。

作戦か、政治か。

政治（この場合は不拡大方針）よりも作戦（この場合は攻撃前進・拡大）が優先されるべきだと、断乎、陸軍は考えていた。とくに青年将校の間に、そう確信している者が多かった。中央で、耳にたこができるほど不拡大方針を聞かされて着任してきた新しい関東軍司令官香月清司（陸大24）中将も、河辺とおなじ考えだった。

ちなみに、ここで河辺が説明したような「統帥の論理」が、のち、北部仏印進駐のときにも述べられる。陸軍部隊は、明治以来、動き出したら停められないもののようである。それだけ柔軟性を欠く、ということになろうか。そうだとすれば、軽々しく兵を動かしてはいけないはずだが。

陸軍省軍務課長柴山兼四郎（陸大34）大佐の戦後の述懐にいう。

「軍はもとより政府の方針として不拡大ということになったが、軍中央部内、ことに青年将校にはこれにあきたらぬ者が相当多数であった。とくに参謀本部にこれが多かった。……作戦情報などの実務者の多数がこの方針に反対なのであるから、すべてが方針どおりに進まぬのも無理からぬことであった。当時この不拡大方針にもっとも忠実であったのは、参謀本部では多田（駿）次長、石原（莞爾）第一部長、河辺（虎四郎）大佐などであった。しかし、満州事変以来、全軍に拡がってきた下剋上の思想は、軍中央部にもっともはなはだしく、意図の徹底など容易なわざではなかった。いまにしてこれを見れば、国家崩壊のきざしが、ここにも歴然と現われていたのである」

軍務課長が、陸軍のこの情況を「国家崩壊のきざし」といったのは、注目の要がある。

このとき満州事変の張本人といわれた石原が不拡大方針に忠実だったというのは奇異な感じもするが、かれは、石原構想によって、対ソ軍備の充実を何よりもまず急がねばならぬと考えていた。しかも、ひきつづき対米戦争という「最終戦争」を控えていることから、いま日中全面戦争に入ってそれにエネルギーを消耗することは絶対に避けるべきだとしたのである。

石原は、満州に飛んで、軍司令部で事件不拡大を説いた。しかし、幕僚たちは、そんな「大戦争論」には興味をもたなかった。それよりも、さしあたり北支に入り、さらに中国全土を奪取することに興味をもった。

「満州事変で閣下のやられた方策に学び、なお足らざるを憂えている情況でありまして」

と、まるで石原を冷やかしているような受け答えをした。

たまりかねて内地に飛び帰った石原は、陸軍大臣室にのりこみ、肺肝をえぐる気魄で迫った。

「このさい、思いきって北支にあるわが部隊全部を一挙に山海関の満支国境まで退《さ》げる。そして近衛首相みずから南京に飛び、蔣介石と膝づめで日支の根本問題を解決すべし」

冷ややかに梅津美治郎（陸大23首席）次官が応じた。

「実はそうしたいが、貴公は総理に相談し、総理の自信を確かめたのか。北支の邦人多年の権益財産は放棄するのか。満州国はそれで安定しうるのか」

近衛首相は、はじめのうち、石原案に乗り気であった。そのうち、

「相手とうまく話をつけたとしても、それをそっちのけにして現地軍が勝手な行動をしたのでは、総理の面目がまる潰れになるだけだ」

という者があり、紆余曲折の末、この案は捨てられた。

米内海相の考えは、はじめから不拡大、局地的解決である。

事件突発二日後の九日朝の臨時閣議で、杉山元《げん》（陸大22）陸相が、「息せききって」という風情で、内地から三個師団その他の派兵を提議した。米内は反対した。

「内地から派兵すると、全面戦争を誘発するおそれがある。派兵の決定は、もっと情勢を見きわめ、さらに事態が急迫してからにしたい」

この米内の意見に、ほかの閣僚全部が賛成したので、派兵は見送りになった。

杉山陸相は、出兵するると声明するだけで、中国軍の謝罪と将来の保障が得られると思って

いる、と米内は見た。米内は、再三再四、和平解決をプッシュした。

「たしかに、近ごろの中国での抗日、侮日のはげしさは、目に余る。といって、なぜ抗日、侮日が激しくなったか、非はどちらにあるかを考えると、中国側だけが悪いのではない。それを思えば、ここは、あくまで事件不拡大、現地解決しかない」

さらに二日後の十一日、五相会議で、杉山陸相は具体案をみせて出兵を提議した。米内は、それでも同意しなかった。するとこんどは、五千五百名の天津軍と北平、天津地方の日本人居留民を皆殺しにするのは忍びないと情をからめ、ぜひとも出兵させてくれと頼んできた。

米内も、しぶしぶながら、同意せざるをえなくなった。そこで、不拡大方針を貫くこと、動員後でも派兵の必要がなくなったら派兵をとりやめることを条件につけた。

派兵は五個師団ときまった。しかし、さしあたり三個師団を出すことになった。

政府は、華北の治安維持のため、という目的を明らかにして派兵を声明した。当然、指定された軍や師団は、動員を下令する。

ところが、おなじ日、事件発生後から、現地解決のため北支駐屯軍司令官と中国の第二十九軍責任者との間ですすめていた折衝が、まとまった。日本側の要求を、中国側が呑んだのである。

その電報は、その日の午後十一時の五相会議で、杉山陸相から報告された。

「ではもし事件が平和のうちに解決したならば、今日の閣議で決定された出兵は、どのように取り扱われるのか」

米内が質問すると、杉山は答えた。

「関東軍はすでに動員を下令している。朝鮮軍は、明十二日朝動員下令の予定である。内地部隊の動員は見合わすこととなり、中国側がもしわが要求を文書で受諾したならば、全員を復員させてよろしい」

さらに二日後の十三日。七月十一日夜に調印をすませた前記の華北協定を、中国側はこの日朝から次々と実行に移した。その情況を伝えてきたのは、外務省電だった。

しかし、米内は、妙な情報を得ていた。

「参謀本部が、この協定を破棄して新しい行動に出ようとしている。陸軍省は、それに反対している」

「これは、いかん」

米内はすぐに外相に会い、そんなことにならぬよう、陸相を督励してもらいたいと注文した。外相もおどろいて、陸相に念を押すと、よくわかったと了承した、とのことであった。

だが――。

このころの陸軍は、統制がとれていなかった。高木惣吉少将は、

「陸軍は八岐大蛇《やまたのおろち》だ」

と評したが、そのとおりだった。陸軍とはいいながら、てんでに考えることも言うことも違っていた。

この場合は、不拡大か拡大かだ。みんな、メッケルの流れを汲んだ、「議論達者」（飯村穣

中将）たちばかりだから、陸軍中央は沸騰した。中佐あたりまでの、いわゆる中堅将校は、ほとんどが拡大論者であり、陸軍としての意思決定をすべき上層部は、大局から判断して決心するというよりも、議論のなりゆきを注目して、勝ちそうな方に味方する、とさえいわれた。

その日の閣議で、陸相は奥歯にもののはさまったような報告をした。——調印が終わり、事件は「表面上」は一段落したようにみえるが、中国軍はわが軍の周辺に集中しつつあり、南京政府も北進開戦に決したという未確認情報がある。内地部隊の動員は慎重に考慮する必要があるが、現地の情勢を注視中である、と。

実は、陸軍にはすぐ動員せよという意見が強いのだが、やはり動員するには「大義名分」がいる。それがうまく見つからないので、かろうじて平衡を保っている情況だった。

その日、おかしなことが起こった。

陸軍省軍務局長後宮淳（陸大29）少将（八月二日付中将）が、外務省東亜局で意見交換をして、大局からみて中国側の提案を承認し、平和的に事態を収拾しようと意見一致した。それで陸軍省に帰ったが、まもなく電話をかけてきて、さきほどの話しあいは、すべて水に流してくれ、といった。

米内が山本次官にグチをこぼした。

「五相会議で話をきめても、外務省と陸軍省で話をつけても、あとから電話で、帰ってみたら参謀本部の連中がみんな憤慨しており、陸軍の方針はすでに決定しているというから、さっきの話は全部水に流してくれという。こんなことじゃ、どうにもならない」

では、拡大派は何を考えていたのか。

かれらは、拡大することが事件を早く終わらせる結果になる、と確信していた。

杉山陸相は、出兵の声明をすれば、それで中国はおびえ、戦意を失い、問題はすぐ解決すると考えていた。それは、前にも出たが、武藤章軍務課長も、南京をとれば蔣介石は参るといい、参謀本部作戦課の案では、七月十七日現在、第二十九軍の掃蕩には約二ヵ月、中央軍の戦意を失わせるために南京方面に重圧を加える作戦は、三、四ヵ月で終結させることができるといった。

そこには、中国軍を過小評価し、反対に日本軍を過大評価した、大きな誤判断が伏在していた。これが、中国民衆の民族意識の高揚を無視、ないし過小評価したことと一つになって、盧溝橋の現地では、停戦協定までもできたにもかかわらず、全面戦争にのめりこむことになるのである。

辻政信（陸大43恩賜）大尉は、そのとき関東軍参謀部付だったが、事件がはじまった翌日には牟田口連隊長のところにとんでゆき、

「関東軍があと押しします。徹底的に拡大してください」

と申し出た。

辻は、幼年学校を首席、士官学校も首席、陸大を恩賜（三番）で出た。同期生によると、

「百二十点をつけてもよい青年将校のお手本だったが、陸大を出たころから自己顕示欲が肥大した」

ということだ。ともかく突撃精神と行動力が抜群だった。このときも、連隊長をけしかけるだけでは気がすまず、北平の広安門の上から中国軍に向けて発砲してみせたりした。

日中両国の不幸な全面衝突は、日本が満州から手を離さず、さらに北支に手を伸ばそうとし、これに前記の大きな誤判断が加わったから、どれほど米内海相が憂慮しても避けられるものではなかった。政治が軍事をコントロールできず、陸軍の統制も乱れ、いわゆる下剋上の風潮がひろがっていた以上、当然の帰結、ともいえたであろう。

ただしこれを、現地軍の目から見ると、だいぶ風景が変わってくる。

国と国とが条約を結び、その条約によって権利を与えられ、その権利を行使して駐屯している軍隊である――とはいっても、しょせんは中国民衆という広大な海に浮いている小舟にすぎない。あるいは、その波浪の破壊力を防ぐために築いた小島の港の防波堤ともいえようか。

現地軍が、膚に感じておそれているのは、一ヵ所の崩壊が、満州全体の崩壊ばかりか北支にも及び、今日までに営々と築き上げてきたものを、二十万を越える在留邦人の生命財産ぐるみ、根こそぎ手放さなければならなくなることであった。いやそれが、日とともに現実のものになろうとしていた。

これは、外から侵された経験をもたぬ日本人――おだやかな島国で育ち、暮らしてきた者にとって、鳥肌立つほどの怖ろしさであり、理性の平衡を失わせるほどの衝撃であった。

もっとも、彼我の力関係が圧倒的にわれわれに有利な場合は、別である。条約を結んだ日清戦争の直後（一八九五年）とか、日露戦争後（一九〇五年）、ロシアが満州に持っていた利権を日本が引き継いだときとか——そのとき駐兵権を含む経済・政治的利権を日本は得たが、そのころ中国は軍閥が各地に割拠し、戦国時代の様相を呈していて、孫文や蔣介石たちが清朝を倒し、いわゆる辛亥革命を成功させるまでは、すくなくともかれらは、排日、抗日どころではなかった。

外国との国交調整は、もちろん外務大臣の任である。しかし、陸軍中央の急進派や現地軍の見方からすると、とくに出先外交機関は中国側とのいざこざを起こすまいとすることに重点をおきすぎ、陸軍のいいかたによれば、「国家観念」がなかった。現地の陸軍は、外交不信をつのらせた。

陸軍は、だから、満州、北支についても、外交機関を無視して外交問題を処理した。防共協定の発端とおなじことだ。しかしいまでは、国としての外交をすすめなければならない段階になっても、広田外相は、いちいち陸軍の意向をたしかめないと、仕事ができないまでになっていた。

本来ならば、中国民衆、政府との間にこの外交機関が入り、いわば緩衝器の役をするはずだが、それを自分の手で押しのけてしまったため、陸軍は、ジカにこの民衆の海と向かい合わねばならなくなった。

もともと陸大では、前記の戦術教育によって、教官がまず「情況」を与え、そのワクのなかで、わが目的をどんな手段で達成するのがもっともよいか、それを決めるための判断力を一途に鍛練してきた。しかし、こんな場合には、「情況」そのものを改善する必要があった。だが、かれらは、それには慣れていないばかりか、無頓着でさえあった。

そのような教育を受けてきた軍人たちが、現実に政治を支配し、外交を動かしたら、どうなるか。対症療法——それももっともよく利く療法として、武力による解決に走ろうとするのは、いたって当然ではなかったろうか。

七月二十八日、北支で、ついに第二十九軍（宋哲元軍）にたいする総攻撃命令が発せられた。

七月九日以来、全面抗戦に備えて軍の再編を急いでいた蔣介石は、七月十九日、蘆山で演説し、

「……今日の北平がもし昔日の瀋陽（奉天）になれば、今日の冀察《きさつ》（河北省、チャハル省）もまた昔日の東四省（満州）となろう……」

と民族の蹶起を訴えた。

いいかえれば、二十八日の総攻撃によって火蓋を切った北支事変は、満州事変のときのように、戦場が局地（満州）だけに限定されるのでなく、中国全土に拡大する必然性をもっていた。はじめから、民族戦争の性格をもっていたが、それを陸軍は、どう判断していたのだ

ろうか。

上海事変―日華事変

さて、海軍では、これとともに陸軍部隊への協力、揚子江を含む中国沿岸警備（居留民保護と権益の保持）にあたっている第三艦隊（旗艦は上海に停泊する「出雲」）への支援を連合艦隊に命じた。

一方、米内海相の指示で、翌二十九日、第三艦隊司令長官長谷川清（海大12）中将は、「日本海軍は不拡大方針を守り、慎重な態度をとっているから、中南支の排日運動を取り締まってもらいたい」

と、国民政府海軍部長と軍政部長に申し入れた。

海軍同士、たとえ一時は敵味方になっても、船乗り仲間といった共通の気安さ、気持ちの交流があるのは、洋の東西を問わず、ふしぎなくらいである。中国海軍と日本海軍の場合も――双方の兵力量をくらべると天地の差があったが――たがいに友人も多く、心を許した仲でもあった。

中国海軍は、長谷川の申し入れにすぐ応じた。中南支で事故を起こさないように努力中であると回答してきた。

あとの話になるが、揚子江流域の都市（重慶、宜昌、沙市、長沙、漢口、九江、蕪湖、南京など）からの居留民引き揚げでは、中国海軍はそれとなく気配りをしてくれた。居留民をのせた多数の日清汽船の客船やそれを援護する海軍艦艇が、かれらの目の前を往き来したが、何のトラブルも起こらず、うそのように無事に上海に集結することができたのである。

だが、引き揚げが終わった日（八月九日）の夕方、不幸な事件が上海で突発した。上海特別陸戦隊中隊長大山勇夫中尉と斎藤一等水兵が陸戦隊自動車で陸戦隊本部に向かう途中、中国保安隊に射殺された。事故原因の調査のため、英仏伊を含む合同委員会が開かれたが、結局、日本側と中国側の水掛け論に終わった。

現場の空気が緊迫し尖鋭化していると、このような血なまぐさい事件が起こりやすい。また、いったん起こると、あとは急坂を駆け下りるように事態が破局に向かうのが例であった。

このころ、上海にいた日本軍は、特別陸戦隊が約四千人、それが中国軍約三万人にひしひしと取り囲まれ、孤立無援、情勢は時間とともに悪化した。次になにかが起これば、わずかばかりの陸戦隊など、ひと呑みに呑みこまれてしまうのは見えていた。

長谷川三艦隊長官が、躍起になるのは無理もなかった。かれは、大臣と総長にたてつづけに緊急信を打ちこみ、肺腑をえぐるような口調で増援部隊の急派をうったえた。

伏見軍令部総長宮も、いまはもう外交交渉のなりゆきを見守る時機ではなく、陸軍部隊を一刻も早く救援に送るべきだと考え、米内海相を招いて意向を打診した。このトップ会談は、米内の思考パターンをよくあらわしていた。

「外交交渉には私も絶対的信頼はおいておりませぬが、ともあれ現在進行中であり、またこの交渉は中国側からいい出した経緯もあり、先行きどう実を結ぶか予想はできませぬが、これを促進させることは重要であります。また上海付近で中国側が停戦協定（昭和七年五月、日中間に締結されたもの）を蹂躙《じゅうりん》したという確証はありませぬ。大山事件はひとつの事故であり、まだ交渉の余地は残っております。しかも、いまのところ上海方面には大きな変化はありませぬ。打つ手があるのに直ちに攻撃するのは、大義名分が立ちませぬ。もうしばらく様子を見たいと思います。

また、公言はできませぬが、停戦区域に中国正規軍はおりませぬ。トーチカや塹壕などは、かれらの防衛のための準備であります。

わが居留民に危害を及ぼすような事態になりましたならば、すぐに出兵いたします。しかし陸軍の事情は、対ソ戦を考えますと、青島、上海方面に使用できる兵力はそれぞれ一個師団しかなく、こんなことではどうしようもありませぬ。また、満州国、とくに熱河省方面で後方を攪乱《こうらん》されるおそれもあります。

このような状態では、北支方面で積極的な行動に出られなくなります。上海方面への陸軍部隊の派遣は、このへんのことも十分に考えた上で決行しなければならぬものと考えます」

米内は、そのころ軍務局長であった豊田副武（海大15首席）中将のように、

「絶対に不拡大だ。陸兵を出せば、かならず拡大する。陸兵派遣絶対反対」

と陸軍不信をぶつけるのとは、すこしニュアンスが違っていた。居留民保護のために必要ならば、すぐに出兵する。しかし、大義名分が立たなければ派兵しない。陸戦隊が包囲されて危険だというだけでは兵は出せない、と考えていた。

しかし、軍令部が計画する海上兵力の戦場水域への緊急配備は認めた。海上兵力は、情況が変われば命令一つですぐに撤収でき、配備替えできる。しかし陸軍部隊はそうはいかない。いったん配備したら、ともすると独り歩きをはじめる。事件は拡大する一方になる。

このように追いつめられ、切所《せっしょ》に立たされると、それまで表に出なかった意見が急にあられ、鋭く対立することになりやすい。

居留民の引き揚げと陸兵の上海派遣問題で、微妙な対立を見せた外務対海軍、陸軍対海軍の間で、ほうっておけば相互不信が表面化しそうになった。

出先の外交機関は、とくに漢口の場合、居留民を引き揚げるよりも、まず海軍の陸戦隊や艦艇を引き揚げろという。海軍の艦艇が揚子江にいるから中国側を刺戟して抗日行動を起こさせ、居留民を引き揚げさせねばならぬほどの窮地に追いこまれる。中国官憲は居留民の生命財産は保障すると約束しているから、心配無用だというのである。

参謀本部第一部長石原莞爾少将も、

「海軍が揚子江に艦隊を持っているから戦火が上海に飛び火する。もともとこの艦隊は、中国がまだ弱かったときに置いたもので、今日のように中国が軍事的に発展してくれば、居留民保護などできないし、いくさになれば揚子江に浮いてはいられないはずのものである。それを軍令部は、事変突発前に艦隊を撤退させることができなかったため、事変後撤退するときに漢口の居留民まで引き揚げさせてしまった。だいたい漢口の居留民を引き揚げさせたのは未曾有のことで、これで揚子江沿岸地域がなにごともなくすんだのでは海軍の面子《メンツ》が立たないことになる。つまり、こんどの上海出兵は、海軍が陸軍を引きずっていった、そう言ってさしつかえないと思う……」

と、ちょうど上海出兵が決定されたころに批判している。

「海軍の面子が立たないから揚子江沿岸でひといくさ起こさせようとし、陸軍を引きずって海軍が上海出兵をやらせた」

とは、さすがに石原らしい発想で、名指しされた海軍はビックリしたが、現地外交機関の言い分も、これは鶏と卵の先後を論ずるようなもので、居留民保護と権益保全の任務を与えられて揚子江に展開している海軍部隊としては、

「じゃあ、あとのことはよろしく願います」

と、自分だけサッサと引き揚げるわけにいかなかった、ということである。

だが、そんな言い合いをしていられた状態は、十二日午後にけし飛んだ。

十二日午後、中国正規軍一個師団が上海駅に到着して、黄浦江河口の呉淞《ウースン》と、上海市内に進出してきた。情況一変である。

日本政府は、翌十三日、急ぎ陸兵の上海派遣を決定した。が、上海では、市内の中国正規軍が、もう陸戦隊に銃砲撃を加えてきた。ばかりか、翌十四日には、中国空軍機が海軍特別陸戦隊本部、黄浦江上の第三艦隊旗艦「出雲」、呉淞沖にいた第八戦隊各艦などを爆撃した。

もっともこの中国空軍機の爆撃に発展させたのは、日本側のミスが原因といえなくもない。

中国空軍基地の隠密偵察を命じられた海軍機が、うっかり低く飛んでしまい、それを見てあわてた中国側が先制攻撃をかけてきたと思われるふしがあるからだ。

中国機の空襲を見て米内海相は、即座に剣をとって立ち上がった。

かれは、中国正規軍が出現して攻撃を加えてきたばかりか、上海周辺の海軍の艦艇や陸上拠点が、奥地から飛んでくる中国空軍機の爆撃を受けるようになった以上、戦いは現実として中支に拡大して本格化した、と判断した。日本がとってきた局地化、不拡大主義はこれで消滅した。この上は、敵撃滅に全力をあげることが日本のとるべき国策ではないか、と強調した。

そして杉山陸相にいった。

「日中全面戦争となったからは、南京を攻略するのが当然だ。使用兵力については、いろいろあるだろうが、主義としてはそうでなければならんだろう」

急に主戦論に変わった米内に、陸相はおどろいた。

「参謀本部とよく話してみるが、対ソ戦も考慮せねばならぬから、大兵力は使えないよ」

その対ソ戦を考慮した参謀本部は、出兵不同意だったのである。

この米内の豹変の理由は、長谷川三艦隊長官の対応ぶりによくあらわれている。

もともと長谷川は筋骨型の気早な男ではあったが、反撃を急ぐ急ぎっぷりは尋常でなかった。

かれの指揮下には、事態の急変に備えて空母「加賀」（第二航空戦隊）、「龍驤《りゅうじょう》」「鳳翔《ほうしょう》」

（第一航空戦隊）、第一連合航空隊（一連空と略す）の九六式陸攻や第二連合航空隊（二連空と略す）の基地飛行機など日本海軍第一線機約二百五十機――当時としては目もくらむような大兵力――の精鋭が組み入れられていた。

十二日の中国正規軍の上海到着で、戦勢の急転重大化を予測した長谷川は、これに中国空軍が大挙して出てきたら一大事になると判断し、なんとか機先を制して中国空軍を無力化しておかねばならぬと決意した。

中国空軍は、情報によると、南京、句容、広徳、南昌、漢口、杭州などに、相当の兵力を展開していた。

正規軍進出の日（十二日）深夜、中央から命令が届いた。

「敵の攻撃あらば機を失せず敵航空兵力を撃滅せよ」

十三日から十六日にかけての中国軍と上海特別陸戦隊との陸上戦闘は、激烈をきわめた。多勢に無勢であった。日本人居留地を背に、中国軍を一歩も入れまいと戦うが、包囲環を締めてくる手ごわい中国正規軍に、ともすれば防御陣地が破られそうになり、予備隊をはたいて辛うじて支える、といった死闘がつづいた。いつまで陸戦隊の力だけで保《も》ちこたえられるか、きわどい正念場であった。

逆に中国空軍から先制攻撃をかけられた長谷川長官は、十四日、全飛行機隊に号令して反撃を加えようとした。しかし、あいにく東支那海に九百六十ミリバールの低気圧があり、北ないし北北東に進み、上海では風速二十二メートル。空母の発着艦ができず、また陸攻（中攻）隊も渡洋爆撃ができなかった。

そこへ、その日（十四日）の午後、中国機が、またまた旗艦「出雲」、八戦隊、陸戦隊本部などを爆撃した。幸い重大な被害は受けなかったが、なにせ中国機のいる内陸飛行場は、低気圧の影響をほとんど受けていないから、始末が悪かった。長谷川にすれば、日本海軍はじまって最初の空襲をうけながら、一方的に敵に名を成さしめるだけで、手も足も出ないのである。

がまんしきれなくなった長谷川は、天候の回復も待たずに全飛行機隊に攻撃命令を出した。ようやく一本立ちになったばかりの航空部隊にとっては、たいへんな初陣になった。しかし、台北にいた一連空（鹿屋隊）九六式陸攻（中攻）十八機は、悪天候を衝いて広徳、杭州に向かった。途中しばしば雨中、雲中飛行を余儀なくされ、あるときは地を匍《は》うような低空を飛びながら、視界不良のため僚機を見失ってバラバラになりながら、それでも目的地に二百五十キロ爆弾を投下して台北に帰ってきた。どんなにこの飛行機の安定性、操縦性がよいかを証明したものではあったが、それでも行方不明二機、不時着水一機、着陸時破損一機の被害を出した。

翌十五日。台風はいっそう攻撃につごうの悪い位置に進んでいた。それでも台北から七百十キロを飛んで十四機が、九州の大村から千百キロを飛んで二十機の中攻がそれぞれ南昌、南京の渡洋爆撃に出撃した。台北隊は豪雨と密雲などのため南昌を探すのに一、二時間かかって十時間後に、大村隊は雨雲が低く、視界の狭いなか、敵戦闘機の迎撃や地上砲火の反撃をうけつつ南京飛行場を爆撃してこれも十時間後に帰ってきた。このときの被害は台北隊はゼロだったが、大村隊は四機が撃墜され、六機が被弾のため修理しなければ使えなくなった。一回の攻撃で戦力が半減したのだ。

――あの巨きな中攻が、敵機の七・七ミリ機銃の豆焼夷弾で火災を起こし、墜落炎上する。そんなことは、それまでだれも予想していなかった。技術者も用兵者もパニック状態になった。

一連空（中攻部隊）司令部からは、すぐ、

「本機の燃料タンクは敵弾にたいしきわめて脆弱《ぜいじゃく》にして……速やかに対策を講ずるを要す」

と改造意見を出してきた。しかし中攻とその後継機の一式陸攻は、開戦まで（四年後）はむろんそのまま、終戦まぢかに（八年後）燃料タンクの防御装置をつけた陸攻が完成したが、とうとう活躍できないままで終わった。

悪天候のため発着艦できなかった空母機が、十六日、台風が通過して、はじめて戦場に駆けつけ、陸戦に協力した。この日の早朝が上海戦場最大の激戦だった。中国正規軍の総攻撃をまともに受け、寡兵の特別陸戦隊陣地は一時突破されたように見えたが、海軍艦艇から増援した陸戦隊の奮戦で、かろうじて崩壊を食いとめることができた。

この三日間の中攻隊の被害は、すさまじかった。搭乗員九組（九機分）が還らず、飛行機の半数以上が喪失または作戦不能になった。

中央は血の気を失った。

中攻隊は、西太平洋にアメリカ艦隊を迎撃して艦隊決戦する、日本の存亡を賭した日米決戦で、劣勢六割の日本海軍を勝たせる秘蔵の秘密兵器――それを海軍の戦場でもない中国で失ってしまっては、国防の基盤を揺るがす大問題である。

軍令部は担当参謀を台北に飛ばせ、一連空司令官に「もう少し攻撃の手をゆるめ、被害を多く出さぬよう」提言させた。

現場指揮官である司令官戸塚道太郎（海大20）少将は、

「とんでもない。たとえ全兵力を使いつくしても攻撃の手はゆるめない」

といいきった。すでに開戦が決意された以上、圧倒的な兵力を集中してどこまでも敵を追撃し、これを撃滅するのが軍隊の任務ではないか、というのである。

たしかに、軍令部はおかしい。勢いにのせられて不拡大主義を捨て、全面戦に突入しながら、実は、懲《こ》らしめのために猛烈な一撃を加え、加えればたちまち相手は膝を屈し、和を乞うてくる。そこらあたりまでしか考えていなかったのではないか。

この懲らしめるという発想と姿勢が問題であった。

相手を懲らしめる、という考え方は、自分は正しいことをしているのに相手がよこしまなことをするから、正義の名において相手を懲らしめ、あるいは痛い目にあわせ、それに懲りて二度とおなじことをしないようにさせようとするもので、まず、何が正で何が邪かの価値基準を明らかにしなければならない。

それが、どうできるのであろうか。

それ以上に、これは、強者が弱者を、強大国が弱小国を一方的に意に従わせようとして力をふるう場合に使われるうさん臭さを持っている。

満州事変、北支事変がはじまるとき以来の陸軍の論理――ひいてはジャーナリズムの論理がそうであった。排日侮日いたらざるなき暴支を膺懲する、というのである。

ところが、この論理をアメリカが日本にたいして使ってきたから、ややこしくなった。満州事変突発後、フーバー大統領の下で国務長官をしていたスチムソンが、門戸開放、機会均等を旗印にして、日本政府に抗議した。しかし陸軍は、そんなことに頓着せず、「膺懲の師」をどしどし進めた。

スチムソン国務長官は、これを、アメリカにたいして、というよりかれ個人の威信を失墜させようとする挑戦とうけとめ、即刻、暴日を膺懲せよと大統領に進言した。が、フーバー大統領は戦いを好まず、「膺懲の師」は出されなかった。

スチムソンにとって、これは骨髄に徹する遺恨であった。それ以来かれは対日不信と憎悪をいよいよ募らせ、のちルーズベルト政権の陸軍長官に返り咲くと、日本を膺懲すべしと声高に主張しつづけ、もっとも強硬な主戦論者として、大統領を日米開戦にいたる軌道に引きずってゆく。

アメリカの事情は、のちに述べる機会があるが、ここで触れておきたいのは、「懲らしめる」という強国の弱国にたいする姿勢についてである。

日本は中国を懲らしめるといい、アメリカは日本を、懲らしめるという。そのときは日本は、中国の民族主義への目覚め、条約上の権利とはいいながらみずから中国の領土に軍隊を置き、主権を制限していることに気を配らず、またアメリカは、排日法によって日本人をアメリカから締め出し、軍縮会議によって日本が国防の安全感を失うまでに兵力量を制限し、日本がアメリカの経済圏、文化圏に入っていることでようやく国として生存しているのを知りながら米州ブロック経済主義を採って日本を排除し、そのため日本は生きる道を失い、死に物狂いで満州に活路を求めようとしている、その事情に気をくばらなかった。

なるほど、日本陸軍の方法は稚拙で、時代遅れで、主観的で強引かつ軍国主義的であった。国際社会の当時の良識に反する侵略的行為ではあったが、日本のこの必死さにたいするアメリカの認識不足、思いやり不足と、また一方、日本は孫文、蔣介石、毛沢東による自主自立達成への中国の悲願を、おなじアジアで海ひとつ隔てただけの隣に住みながら認識がたりず、思いやりも不足であったことが、双方——日中、日米の間でもっとも不幸な戦争に発展した。それを思うと、この、日本とアメリカにおける「膺懲思想」の符合を、たんにおもしろいとばかりいっているわけにいかないのである。

虎の子飛行機の被害の大きさにおどろき、あわてて現地部隊に手心を加えるよう申し入れた軍令部の思考パターンは、日米戦争がはじまり、海軍の全存在を賭けて戦うべきときになっても、たとえば真珠湾攻撃に出る南雲忠一中将に、

「知っているとおりの建造能力だから、できるだけ空母に怪我させないよう頼む」

などと永野軍令部総長が耳打ちすることにもなった。そのため南雲は敵に発見され、攻撃されることに異常な神経を使い、真珠湾奇襲成功後も、第二撃はおろか、すこしでも早く敵機の攻撃圏外に出ようと大急ぎで引き返した。絶好の戦機に恵まれながら、挙げえたはずの成果のなかばを挙げただけで終わった。

海軍は、くりかえすようだが、日華事変についてどんなシナリオを描いていたのだろう。

「まず海軍航空の全力をあげて中国空軍機を叩き潰す。いわゆる航空撃滅戦のあと、すぐに空と海から要地を攻撃、同時に沿岸を封鎖して人と物の出入を停めれば、それで中国側は戦意を失う」

と考えていたのであろう。戦後にわかったところでは、蔣政府はずいぶんこれで困ったという。「あと一歩」というところだったのかもしれない。

太平洋を挟んでアメリカと戦う場合であれば、年来訓練を重ねてきた西太平洋での迎撃作戦で有利に戦う自信があったが、中国戦線に片手をとられようとは海軍は想像もしていなかった。つきつめた計画もなかったし、研究もしていなかった。

事情は、陸軍でもおなじだった。

参謀次長多田駿（陸大25）中将は、一日も早く事変の打ち止め、つまり日中和平による事変終結を急がねばならぬと考える人だった。

海軍がアメリカにたいして切迫感を抱いているように、陸軍も軍の存在を賭けて有事のとき戦い勝たねばならぬ仮想敵――ソ連を持っていた。日本の貧弱な国力で、北方の大陸（ソ連）と東方の太平洋（アメリカ）の二正面に強大な仮想敵を持つということは、およそばか気た話である。それまでどれほど政治がうまく機能しなかったかを証拠立てるようなものである。だが、それはそれとして、現在、中国との全面戦に、莫大な人と金と物を注ぎこみ、消耗し、日に日に対ソ戦備に欠陥を生じつつあるのを放置しておくわけにはいかなかった。

昭和十二年十二月十三日、首都南京が陥ちた。

上海を制圧するために派遣された新鋭の大部隊だったが、前回（第一次）の上海事変の軍司令官白川陸軍大将と違って、こんどの軍司令官ははじめから南京まで行くつもりで来ていた。

その十日ほど前、蔣介石はトラウトマン独大使を仲介として、日本が提示していた条件で和平を受諾しようと申し入れてきた。和平への絶好の機会が転がりこんできた。

参謀本部はさっそくにもこれを推進しようとしたが、南京陥落の翌日の閣議がひどいことを決めてしまった。それまでの和平条件をひっくりかえし、蔣政権が受諾できないほどの強硬なものに変えたのである。

「勝っているのに、敗けているものの肩を持つような条件をつけてやる必要はない」

「これでは国民が納得しない」――

などというのがその理由だった。

——南京は、包囲したまま兵を停め、城内に突入せず、中国の面子を潰さないようにして和平を結ぶのがよい。

中国人の立場を考え、かれらの面目が立つようにしながら和平の実をとろうとする含蓄のある提案もあったが、強硬派の感情をむき出しにした激しい怒声にかき消された。和平は潰れた。

「南京をやれば、蔣介石も参る」

と広言して南京攻略を指導していた武藤章参謀長や中堅参謀たちの予想は外れた。

「外れた」というが、それでは、外れた責任は誰がとったか。

蔣介石は、事前（十一月二十日）に首都を重慶に移し、徹底抗戦を宣した。

そんな重大な事態が中国本土で発生し、刻一刻と戦線が拡大されているというのに、東京では、政治と統帥とが食い違い、陸海軍の間でも意見が一致せず、二度、三度と和平の機会が訪れながら、そのたびに壊れていた。

蔣介石の徹底抗戦の意思だけは不動なのに、それにたいする日本側の意思は、どこにあるのか判然としなかった。

十三年一月十六日の近衛声明、

「以後、国民政府を相手とせず」

は、その日の朝日新聞で、

「帝国不動の対支方針を中外に闡明《せんめい》すべき歴史的重大声明」

と持ち上げられてはいたものの、これほど自縄自縛の外交措置はなかった。声明は、「帝国と真に提携するに足る新興支那政権の成立発展を期待し、これと両国国交を調整して更生新支那の建設に協力せんとす」

と続いていたが、それにしても蒋政権と、日本陸軍がつくった汪政権や冀東政権のどちらがほんとうに中国を代表しうる政権であるのか、評価できなかったのであろうか。

その結果、怒った蒋介石はいよいよ抗戦の決意を固め、一方、日本政府は、和平交渉の相手を失って泥沼にいよいよ深く足をとられ、やがて「相手とせず」声明を取り消すが、そのときにはすでに和平のチャンスは去っていた。

近衛はあとで、

「あれは非常な失敗であった。よけいなことをいってしまった」

と後悔する。だが、それこそ後の祭り。その間に陸軍は、漢口を攻め、広東に進み、徐州を奪《と》り、ますます戦線を拡げて仏印に出、アメリカと正面衝突を惹き起こして太平洋戦争にのめりこむのである。

オレンジ計画

アメリカが日本を敵対国とする戦争計画を立てはじめたのは、ここ数年のことではない。明治三十七年（一九〇四年）に日露戦争が起こる、その一年前からのことであった。三十七年にはオレンジ計画という対日戦計画ができあがった。

アメリカと日本との関係は、そのころから対立していた。一八二三年（文政六年、十一代将軍・徳川家斉の時代）にアメリカはモンロー主義を打ちたて、アメリカ人のアメリカを標榜した。そのアメリカに、新天地を求めた日本人移民が急増したこともあり、日系移民排斥運動が燃えひろがって、一九二四年（大正十三年）には米議会による排日移民法の可決にまで発展した。

これは、日本人の反米感情を高めるに十分だった。それ以上にアメリカは米国内ではモンロー主義をとりながら、アジア政策としては門戸開放、機会均等を唱えて日本の大陸発展を非難し、中国を支援して日本を阻止しようとしていることが、公正を欠くものと映った。日本人は怒った。

肩が触れ合うようにして狭い国土に住み、その上に人口は増加する。しかし天然資源に恵まれないから新しい産業が興らない。働きたくても働き口がふえない。したがって国も人も生きてゆけなくなる――そんな日本人の切実な苦悩や危機感とはまったくかけはなれたところでのモンロー主義であり、門戸開放、機会均等主義であった。しかもそのオレンジ計画は、大艦隊によるアジア進攻を狙い、大がかりな渡洋作戦によって日本に決戦を挑もうとする、おそろしいほど攻撃的なものであった。

その渡洋作戦に必勝を期するアメリカは、軍縮会議で日本海軍の兵力量を対米六割に押さえこんだ。ふしぎな話だが、実は日米ともにマハン提督の兵術思想と理論の流れをくむ、いわば兄弟弟子であった。だから、わずか一割の差をめぐって日米がしのぎを削った軍縮会議は、時代を語るこの上ない悲劇であり、かつ喜劇でもあった。

そして、会議で敗れた日本海軍は、拭いきれない反米感情を背負いこんだばかりか、ありとあらゆる努力を払って一割の差を実質的に埋めようとする。

アメリカも、敏感に反応した。

昭和九年、日本がワシントン軍縮条約の廃棄を通告すると、すぐに第一次ビンソン案を成立させ、大建艦計画で応じた。

昭和十一年、日本がロンドン軍縮会議を脱退すると、やつぎばやの建艦計画を重ねて量で圧倒しようとした。

その年の十一月、日本がドイツと防共協定を締結すると、まもなくオレンジ計画の再検討をはじめ、一年たらずの間に改定オレンジ計画を完成させた。

昭和十二年七月、盧溝橋事件。それが八月に上海に飛び火して全面戦争の様相を呈してくると、ルーズベルト大統領は、

「日独討つべし」

と決意し、直接に訓令を与えて作戦計画課長をイギリスに急派、対日戦争の場合、米英海軍がどのように協同すべきかを打診させた。

日本ではこのとき、対米戦争をしようなどとはまったく考えていなかった。むしろその間、対米摩擦を回避するために、細心の注意を払った。

それでも十二月十二日、南京をすこし離れた揚子江上で事件が起こった。アメリカ河用砲

艦パネー号誤爆（撃沈）事件であった。原因は、爆撃を海軍航空部隊に依頼してきた陸軍指揮官の誤認、パネー号がそれまでの停泊位置から日本側の勧告によって新しい位置に移動した、その通報が飛行機隊の行動開始に間に合うように到着しなかったこと、泥水に下駄を浮かべたような河用砲艦に描かれた国旗が上空から見にくかったことなどが挙げられたが、とにかく日本海軍機がアメリカ軍艦を撃沈したことは動かしえない事実だった。仰天した海軍は、とるものもとりあえず、平謝りに謝った。

山本次官はすぐアメリカ大使館にとんでいった。米内海相はアメリカ大使館付海軍武官を通じ、広田外相はグルー米大使を訪ね、またワシントンでは斎藤大使がハル国務長官を訪ね、心から遺憾の意を表した。もちろん、アメリカ側からの要求——賠償、処罰、保証などのすべてを呑んだ。

一歩を誤ると、日米戦争になりかねなかった。いやな前例もあった。その約四十年前、アメリカ戦艦メイン号がキューバで爆沈、それが直接の導火線になってアメリカとスペインとの戦争がはじまっていた。当然、パネー号事件を知ったアメリカの世論は沸騰し、重大な侮辱をうけたとして反撥した。

しかし、日本海軍の、即時非を認めて誠心誠意陳謝した率直さが、やがてかれらの心を解いた。アメリカ政府も、日本政府が責任を認め、遺憾の意を表し、賠償を提案した迅速さに満足すると通牒を送ってよこし、この誤爆事件はきわどい瀬戸際に立ちながら、危うく事なきをえた。

日本海軍は、それほどにアメリカとの戦争を避けたいと思い、避けねばならぬと決意していたのである。

ところが、この約二ヵ月前、ルーズベルト大統領は、いわゆる「隔離演説」をシカゴでやっていた。

――世界九十パーセントの健康人が平和で自由で安全な共同体生活をしているところに、残り十パーセントの悪性無法病の保菌者が細菌をふりまき、共同体を脅かしている。われわれは共同体の健康を護《まも》るためにこれらの伝染病患者を隔離しなければならない、という意味の、大統領自身が草稿を書いた演説であった。

この演説の反響は、意外なほどにきびしかった。大統領は、この演説でアメリカ世論を国際的な協力に向かわせようとしていたが、そのもくろみは外れ、孤立主義者たちの勢いを強め、国内が二つに割れた。大統領は、日華事変をはじめた日本を海軍力によって封鎖し、締め上げる計画を立てていたが、これを放棄し断念せざるをえなくなった。

圧倒的多数の票を集めて大統領に再選されたルーズベルトだったが、またかれは、アメリカが生んだもっとも魅力的で、機略縦横、自信に溢れた大衆政治家ではあったが、世論は、戦争にすこしでも近づくような臭いをもつ行動は敏感に嗅ぎつけ、支持しないことがあきらかになった。

ばかりか、世論は「隔離」演説をしたルーズベルトを許さず、その後三年間というもの黙殺しつづけた。ルーズベルトを逆に隔離してしまったのである。
——その演説から二ヵ月後のパネー号事件であった。ちょうど米国民がルーズベルトに警戒を強めていたときだったからよかったのか、日本海軍のフランクな陳謝が米国民の心に通じたのか。

ルーズベルトは、大統領になる前、七年以上も海軍次官補をつとめ、海軍式の考え方、つまりアメリカの最大の仮想敵は日本である、とかれも考えるようになっていた。

個人的な感情からいえば、かれの母は少女時代に中国で生活し、中国にたいする深い友情をもっていた。かれ自身もその友情をうけつぎ、家族が十九世紀のはじめ中国高官や豪商たちと交際した話を、いかにも楽しそうにくりかえすのを側近たちは聞いていた。

このような個人的親近感を中国にたいしてもつ大統領が、もっとも重大な時期に十数年間もアメリカの最高権力を握るまわりあわせになったことは、日本にとって不幸だったといえなくもない。

「日本討つべし」

とかれが決意した基底には、

「ナチスやファシストと手を組んだ日本の軍事独裁権力が、中国と東南アジアの無限の資源と力を自分の勢力下に収めようと行動している。アメリカは黙視すべきでない」

とする認識があった。

だが、隔離演説の失敗は、あまりにも苦い経験であった。戦争に近づくことは、何はともあれタブーであった。米国民のエモーションに大衝撃を与える事件が起こるまで、戦争を連想させるような発言も行動も、厳につつしまねばならなかった。

かれは、ジワジワと対日経済圧迫を加えていくことに方針を切り換えた。

その第一弾が、十三年六月のいわゆるモーラル・エンバーゴー（道義的禁輸）であった。法的に禁止するわけではないが、対日借款《しゃっかん》をこれ以上ふやさないため、飛行機と部品の対日輸出を民間会社に思いとどまらせようというものだ。そして大統領は、そのあと、これに高オクタン価航空ガソリン、飛行機生産用原材料などをジワジワと加えていく。

自分が正しいと信じると、どんな障碍《しょうがい》があろうと突き進んでいく、そんなルーズベルトの個性的強靱さそのまま、かれは日本が中国支配をやめざるをえないように締めつける方法を、このあとも検討しつづけるのである。

三国同盟問題

昭和十二年十月二十日、軍務局長に井上成美少将が新任された。米内海相、山本次官、井上軍務局長のトリオ——いわゆる米内三羽烏の登場である。そして、この三羽烏の取り組んだのが、三国同盟問題であった。

日独防共協定（昭和十一年十一月、永野海相時代に調印）を強化し、軍事同盟にしようと陸軍が画策するだろうとは、当時から予想されていた。しかし、またしても地下行動をとり、陸軍が既成事実をつきつけてこようとは予想していなかった。

こんども、リッベントロップと大島駐独陸軍武官との接触が発端だった。リッベントロップがヒトラー政権の外相になっていたところだけが違った。

大島浩陸軍少将という人は、語学も達者だし、豪放、ファイト満々のやり手で、こんな仕事には打ってつけというのだろうが、かれは駐独日本大使にも話さず、もちろん日本政府とも相談せず、参謀本部とだけ連絡をとりながら、日独軍事同盟の折衝を、どんどんすすめていった。

陸軍は、日ソ必戦論に立ち、こんどは四年後の昭和十七年に日ソ大戦争をやろうと計画していた。その大計画を成功させるため、陸軍の大がかりな軍備拡張をしなければならないが、折よく日華事変中であり、事変をやりながら、それに便乗したかたちで対ソ戦備をしようと考えた。

これは、十三年十一月末ごろ、陸海両軍務局中堅層の意見交換会で、陸軍側の述べた腹案であった。東條英機（陸大27）陸軍次官も、それを支持推進するタンカを切った。

「日独伊軍事同盟は、ソ連を挟撃する上で欠くことのできない戦略的布石だ」

というのである。

つまり三国同盟は、陸軍としては「対ソ戦略」の骨幹をなすものであり、したがって「統帥事項」であり、「政治」や「外交」のくちばしをいれる余地のないものであり、もしくちばしをいれれば、ただちに「統帥権干犯」になる、という気構えであった。

そういう陸軍に呼応するかのように、官庁のとくに若手官僚に親独派がふえ、陸軍を主柱として横の連絡をとりはじめた。

海軍中央にも、親独派の有力中堅将校が、目立って顔を揃えてきた。前にもふれたように、ドイツの勝利を信じて疑わず、それがもう「信仰」にまでなっている人たちである。

ただし、このあとかれらの核になる石川信吾（海大25）大佐は、まだ海上勤務や地方まわりをつづけていて、中央には返り咲いていなかった。

そして、このときの海軍省は、米内・山本・井上の三羽烏に固められ、押せども引けども揺るがなかった。どんな議論をもちかけても、井上軍務局長に論破されて引きさがらざるをえず、首席で海軍大学校を卒え、ドイツに駐在して帰ってきたパリパリの親独派――神《かみ》重徳（海大31首席）中佐をもってしても歯が立たなかった。

井上局長に外務省への連絡を命じられた神中佐（軍務局主務局員）が、こんなことはとても外務省に持っていけませんと鹿児島弁のアクセントで文句をつけると、

「君はどこの人間だったかね。持っていけなければ君を替えるよ」

と井上に釘を刺され、あわてて、

「外務省にゆきます」

と答えて出ていったという話は、このころのことであった。

米内の三国同盟問題についての考えは、はっきりしていた。

日本はイギリスを敵に回したら経済的に立ちゆかなくなる、というものだ。それは視野のひろい具体的な判断で、典型的な統率者とうたわれた海軍軍人とは思われないほどの現実的

合理的な経済知識に裏づけられていた。

「なにがなんでも三国同盟を結びたい。ドイツが同盟に乗り気になっている今が千載一遇のチャンスだ」

など板垣征四郎（陸大28）中将が、新陸相として米内と直談判をくりかえすが、米内を動かすことはできなかった。

そのころ、ヨーロッパは、激動をはじめていた。

すでに十三年三月には、国内態勢を整えたヒトラーがオーストリアに侵入、合邦し、十月にはズデーテン地方に進駐して、第一次世界大戦で失ったドイツ国民の生存にとって必要な地域を回復した。

そこからさらに飛躍をめざすヒトラーとしては、つぎはイギリス、フランスを対象とした軍事同盟を結びたい、と考えた。日本陸軍がソ連を対象とした軍事同盟を結ぼうと暗躍しても、それにはもう興味をもたなかった。

陸軍の熱望する三国同盟が、宙に浮いた。いいかえれば、陸軍の対ソ戦略が宙に浮いたわけである。

このあと、陸軍の行動は、すさまじかった。

参謀本部の意をうけた駐独大使大島浩中将――大使館付陸軍武官であったものを、陸軍が強引に大使に押し上げた――は、なにがなんでも三国同盟を成立させねばならぬということ

から、

「三国軍事同盟はソ連を主な対象とするが、イギリス、フランスも従の対象とする」

とドイツに申し入れた。

このとき、日本政府は、米内海相の主唱する、防共協定の線を踏み越さずに強化する方式――対象国はソ連だけで、それ以外の国が赤化したときは対象に加えていくが、イギリス、フランスそのものを対象とはしない、という線で五相会議をまとめ、その線で協定を結ぶことに決定した。

この訓令を受けた大島大使と駐伊陸軍武官からは、即座に激しい抗議を送ってきた。

「話が違う。いまさら方針を変えるのは、国の威信にかかわる」

というのである。政府の方針と違う陸軍の方針で勝手に交渉をすすめておきながら、話が違うもないものだし、国の威信をおとすからとそれを追認すれば、日本は陸軍の思うとおりに引っぱっていかれることになる。

このとき、政府を窮地に陥れたのは、大島の申し入れによって、ドイツが条約案を作成し、日本政府に提示してきたことだった。

「締約国の一が第三国から攻撃を受けたときは、他の締約国はこれにたいし武力援助を行なう義務がある」

という、いわゆる自動参戦条項も含まれていた。

とんでもない話だった。

「進退きわまると、近衛公はそれを打開しようとはせず、逃げていく」と評されていたとおり、進退きわまった近衛首相は、なにやかや理屈をつけて辞職し、かわって平沼騏一郎枢密院議長が大命をうけ、組閣した。主な閣僚はほとんどが留任したから、いわば近衛内閣が帽子だけを換えてまた出てきた格好になった。

平沼内閣はその約八ヵ月の在任期間中、ほとんど三国同盟問題にかかりきりになり、振り回され、七十数回も五相会議を開いてこの問題を審議し、まとまらないまま「複雑怪奇」というセリフを残して総辞職する。

けっきょく三国同盟案は、その間、宙に浮いたままだったから、経緯を追っても意味はない。だが、その中で、米内海相の考え方とその周辺を見渡しておくことには意義があろう。

米内の残した手記には「後日の証拠」のために書いておく、といった断わり書きのついているものが多い。それによると、三国同盟問題が沸騰点に達していたころ、板垣陸相の、「何がなんでも同盟を結びたい」という「一点張り」的議論にはよほど閉口したもののようであった。「日独伊協定強化問題」と題する手記には、その様子がありありと見える。

要点だけを拾い、読みやすくしてみると、こうなる。

「昭和十四年一月五日、平沼内閣初閣議。

一月十日、日独伊防共協定強化問題がはじめて五相会議の議題となったが、首相と外相の間で一般的な抽象論をやりとりしたに過ぎず。その後八月二十二日、独ソ不可侵条約について閣議に報告するようになるまで、数十回に及ぶ五相会議では、首相の不徹底な態度と陸相の暴論とによって何も得るところなく、ただ複雑怪奇の言葉を残して平沼内閣が退陣するようになったのは、遺憾至極というほかない。平沼首相が、もう少し毅然とした態度で五相会議を主宰していたならば、将来に累を及ぼすことなくすんでいたろうに。平沼首相は総辞職にあたって木戸内大臣にたいし、海軍の主張は終始一貫して時勢を誤りなく見ていたと告白したそうだが、それは後の祭りである。

五相会議以外に、日独伊協定強化問題で陸相と私的に会見したことが数回あったが、最後まで一度も意見の一致をみたことがない。八月二十一日の最後の私的会見での問答の要旨を、後日のために書いておく」

として、つぎの一問一答を書いている。

板垣陸相がいう。

「今日、対支問題で期待していた目的を達することができないのは、北にソ連、南にイギリスが策動しているからで、このソ連とイギリスを目的として日独伊防共協定を攻守同盟にまでもってゆきたい」

米内海相は、反論する。

「英国は現在のところ、中国問題以外に日本と衝突することはない。日本が中国に望んでいるのは和平であり、排他的、独善的なことは考えていない。英国が日本の真意を了解したならば、日英関係はしだいに好転するだろうし、また現に両国ともその努力をつくしている。日本が中国に権益を持たぬドイツと結び、最大の権益を持つイギリスを中国から駆逐しようとするのは、ひとつの観念論であって現実的でない。そんなことは、日本の現状からみてできることでもないし、また、してはならないことだ。独伊と結んでも中国問題を解決する役には立たない。それよりもイギリスを利用して解決を計るべきだ。

またアメリカが現在中国問題に介入しないのは、中国における列国の機会均等、門戸開放を前提としてのことで、もしある国がこの原則を破る行動をとったら、アメリカは黙っていないだろうし、そのときにはアメリカはイギリスと結ぶ公算が大きくなる。

中国問題で、日本が独伊と諒解をとったとしても、アメリカ、イギリスを束にして向こうに回すことになり、とうてい成功の見込みがなくなるだけでなく、危険この上もない。かりに、アメリカ、イギリスが武力を使ってこないにしても、かれらの経済圧迫を考えると、まことに憂慮にたえない。……

……要するに防共協定の逆効果としてアメリカ、イギリスから経済的圧迫を受ける破目に陥ったならば、いま日華事変に直面している日本としては、すこぶる憂慮すべき事態になるだろう。こんなことは絶対に避けなければならない。

つぎに、独伊はなぜ日本に好意を寄せようとしているのか。好意というよりはむしろ日本を乗じやすい国として接近し、味方に引き入れようとしているのではないか。もっとも冷静に考えてみなければならない。……

自分としては現在以上に協定を強化することには不賛成だが、陸軍の播《ま》いた種子をなんとか処理しなければならぬというのだったら、これまでどおりソ連を相手にするだけにしておくべきで、イギリスまでも相手にする考えならば、私は職を賭してもこれを阻止する。陸相は独伊にどんな特殊性を認め、それをどのようにわが国に利用しようとしているのか。まずその所見を伺いたい」

これに対する陸相の答えは、米内によれば要領を得ず、議論は堂々めぐりするだけで、意見一致せず、五時間というもの、ただ押し問答をしただけだったという。

五相会議での三国同盟問題——防共協定強化案の審議は、依然としてつづいた。米内海相の主張するソ連以外は対象国としないこと、日本が締約国のために自動的に参戦させられるような義務を負わないことの二点をめぐって、陸海軍の対立は深くなるばかりであった。

陸軍は、締約国が攻撃を受けたら自動的に無条件に参戦しようというのであり、対象国はソ連、イギリス、フランスの全部だ、と譲らない。もう、どうしようもなかった。

そんななかで、現地の大島駐独大使、白鳥駐伊大使が、おどろくべきことをしてのけた。政府の送った訓令による条約案文を独伊に都合の悪いところは捨てて先方に手交した。そして白鳥大使は、イタリア外相に向かい、

「独伊が英仏と戦争する場合、日本はこの条約の定めるところにより、独伊側に立って戦争

に参加することもちろんである」

と言明した。大島大使もドイツ外相に、

「日本は原則として参戦の義務を負う」

と答えていた。

「駐独ドイツ大使」と大島大使をかげ口する向きもあったが、まったく、あいた口がふさがらない。それを知られた天皇が、

「両大使の行為は天皇の大権を無視したものではないか」

と有田外相に洩らされたのは、よくよく腹に据えかねられたからであろう。

かれらの行動は、常軌を逸していた。五相会議で外相が、そんな条約は政府の方針に反するものでとうてい認められないし、両大使が参戦を言明したのは政府訓令を逸脱したもので、訂正させるべきだと主張したのは当然であった。ところが板垣陸相は、

「たとえ言いすぎがあったとしても、日本を代表する大使が言明した以上、訂正させるのはもってのほかで、政府がその尻ぬぐいをする必要がある」

と妙なことをいいだした。

いや、もっと奇妙なこともいうのである。

ちょうどこのころ（十四年八月）、内蒙古のノモンハン付近で日ソ軍が衝突し、ソ連軍の機械化部隊に日本軍が圧倒されて危機的状態に陥っていた。事件については後で述べるが、満州事変以来戦術的には勝ちいくさの連続で、すっかり過信に溺れていた陸軍首脳部は、い

っぺんに自信を失い、深刻な対ソ危機感におそわれた。独伊と軍事同盟を結ぶことが、百万の援軍を得ることにも見えたに違いない。

三長官会議という、陸軍トップ・スリー（参謀総長、陸軍大臣、教育総監）の会議を開いて、

「即時三国同盟を締結すべし」

と決議し、その決議を五相会議につきつけてきた（八月八日）。それまでに決めた政府方針を、ひっくり返そうとするのである。

さすがの平沼首相も驚き、答弁をしぶる板垣陸相を問いつめて陸軍の真意を確かめた。つまりは日本が無条件参戦することを呑んで三国同盟を結べ、という。

「陸軍大臣は五相会議の一員として政府方針を決めるさい、それに同意されたのに、陸軍三長官会議ではそれと違う決議に同意されている。もし政府方針で交渉をすすめてドイツが承知しなかったとき、陸軍大臣はどう責任をとられるつもりか」

首相がさらに問い重ねると、陸相は、二、三押し問答をしたあと、奇妙な答えをした。

「内閣大臣としては陸軍の総意に従わない。三長官会議の一員としては責任をとる」

結局、話はうやむやになってしまった。

この日の五相会議では、もうひとつ、板垣陸相をおどろかせた米内の言明が引き出された。

石渡蔵相が、

「同盟を結ぶ以上、日独伊三国が英仏米ソ四国を相手に戦争をする場合のあることを考えねばならぬが、そのさいの戦争は八割までも海軍によって戦われると思う。ついてはわれわれ

の腹をきめる上で海軍大臣の意見を聞きたいのだが、日独伊の海軍と英仏米ソの海軍とが戦って、われに勝算があるかどうか」

と質問した。すると米内はなんのためらいもなく、実に明瞭に答えた。語尾を濁さないのは米内の大きな特徴の一つだが、このときはとくにハッキリと聞こえたという。

「勝てる見込みはありません。だいたい日本の海軍は、米英を向こうに回して戦争をするように建造されてはおりません。独伊の海軍にいたっては、問題になりません」

そのとおりである。

日本海軍は、アメリカの海軍を西太平洋に迎え撃ち、艦隊決戦になんとか勝つことを目的として建造されていた。その目的をいっそうよく、確実に達成するために工夫され、バランスをとり、能力をもたせた海軍であった。アメリカの同型艦よりもすぐれた性能と戦力を持たせ、その戦力を規定のトン数以内におさめるため、たとえば航続力、居住性などを制限した艦種もあった。

もし英米が敵に回ると、戦場が西太平洋だけでなくなり、敵艦隊を迎え撃って艦隊決戦を挑む戦法も使えなくなるなど戦争の様相が変わってくる。日本海軍の特徴が逆に欠陥ともなって、勝つどころか、敗ける可能性も大きくなる。

六割海軍で十割海軍に勝つためには、戦力の集中と先制が唯一の戦い方だが、戦場を拡げ同時多発的な敵の攻撃を受けたら、劣勢海軍をさらに分散させることになって、自分で自分の墓穴を掘るのとすこしも変わらない。

米内はそれを明言した。そしてのち、及川海相はそれを言いえず、ついに開戦にいたったのである。

ではなぜ陸軍が、こうも三国同盟締結に執着するのだろうか。

かれらは明治以来、ロシアを宿敵と考えてきた。海軍がアメリカを仮想敵としたのと対応するが、問題をとりあげる姿勢が違っていた。ドイツ流とイギリス流の違いだ。

海軍のいう仮想敵とは、地理的、経済的、政策的に対立する可能性がもっとも大きい国を対象とし、その攻撃を受けても日本の生存を保障でき、抑止力となる敗《ま》けないだけの軍備をかためようとする攻勢防御的なもので、チャンスがあったらこちらから戦争をしかけようなどと攻撃的には考えなかった。

陸軍の場合はそうではなく、もっと積極的攻撃的な概念で、チャンスがあったら、ないしチャンスをつくることができたら戦争をしかけていこうとするものらしかった。

その違いは、三年後、米英と開戦するかどうかをきめる正念場で、噴き上がった。

陸軍は開戦せよ、という。それにたいし、海軍はなんとか戦争を避けようとする。陸軍から「海軍は戦争できない、戦争しない」と明言してくれれば、陸軍部内の開戦論を押さえることができる、といってきたとき、

「そんなことを言おうものなら、戦争しない軍備など無用である。海軍予算は全部陸軍によこせ」

とかさにかかってくる下心が見え見えで、及川海相や岡軍務局長は、しぶしぶながら折れざるをえなかった、という妙な話さえあったほどだ。

このような陸軍の姿勢が、ソ連について、局地的ながら試みられたのが、まず、十三年七月の張鼓峰（北朝鮮、満州、ソ連の三つの国境線が微妙に入りくんでいる地帯）事件であった。ちょうど支那派遣軍は漢口攻略準備にかかっているときで、中国と不可侵条約を結んでいたソ連の対日牽制行動といえなくもなかった。

発端は、張鼓峰の山頂にソ連兵四十名あまりが現われ、陣地を作りはじめたのを、朝鮮軍第十九師団がみつけたことからだった。

参謀本部作戦課長稲田正純（陸大37恩賜）大佐は、これを絶好のチャンスととらえ、すぐさま反撃作戦を計画し、戦線の拡大を心配する多田参謀次長を説得、実力行使を決定して天皇の大命を仰いだ。

天皇は参内した板垣陸相にたいし、満州事変、北支事変以来の陸軍の「やり方」に言及され、大命を下されるどころか、

「今後は朕の命令なくして一兵も動かすことはならん」

と語気強く叱りつけられた。

現地では、そうこうするうちに、その付近にソ連軍が新たに出てきた。そこで十九師団は攻撃を加え、張鼓峰を奪い返した。するとソ連軍は、飛行機や戦車、長距離砲などをくり出して、本格的な攻撃を加えてきた。陣地にはりついた日本軍は、刻々に、一方的に被害がふ

えていった。

近衛首相をはじめ、政府は、不拡大をきめ、ただ気を揉んでいるだけ。そこで米内は、首相に進言した。

「張鼓峰一帯で数日来のような交戦状態をつづけていれば、たとえ双方とも事件の拡大を望んでいなくても、勢いのおもむくところ、どうなるかわからない。現在わが国は、対中国問題に没頭しているところで、この上ソ連と事を構えるなど、とうてい忍べない。そこでこの際、国境問題を論ずるのは後日に譲り、さしあたり双方がまず停戦し、両軍を引き離すこととし、外交交渉を進めることが得策である」

近衛首相が諒解したので、米内は近衛に、首相からこの件を陸相に話すようすすめた。すると近衛は、

「すぐここに陸相を呼ぶから、海相から陸相に話してくれ」

という。そこで、あたふたと首相官邸にやってきた板垣陸相に、米内が話した。だが、陸相は、なかなか納得しない。一時間あまりして、ようやく納得したらしいが、これから陸軍省に帰って会議を開いてきめるという。そして二時間あまりたって、

「海相の意見どおり、この問題は外交交渉に移すことに決定した」

と電話がかかってきた。

外務大臣から重光駐ソ大使にたいして第一回の訓電が出されたのは、その日（八月三日）午後九時ころのことであった。

以上は米内手記によったが、「まず両軍を停戦させ、引き離す」方式で事件を収拾することを提言したのは、米内であり、かれの事態の重点的なとらえ方がどれほど鮮やかであったかを示す証明になろう。折からヨーロッパでドイツが動き出したこともあったのか、八月十日には停戦協定が成立した。

陸軍としては、思うツボだった。日華事変をすすめる上で、もっとも気に病んでいたソ連が、戦闘を拡大する意図をもたないことがわかったのだ。威力偵察としては、大成功というべきだった。

このソ連の意図を拡大解釈したのだろうか。満州の北西部と外蒙古との国境にあたる、広漠とした大草原地帯のノモンハンで、関東軍と外蒙・ソ連軍との小ぜりあいがはじまったとき（十四年五月十一日前後）、ズルズルと深みにはまり、手痛いしっぺ返しを受けることになる。

事件は、こちらが国境線と考えていたハルハ河を渡って外蒙軍が入ってきたのが発端である。

そのうち子供の喧嘩が親の喧嘩になるふうで、だんだんエスカレートしていった。関東軍は、一個師団（第二十三師団）を注ぎこむことを下令し、事後報告を参謀本部によこした。

中央は、いまは日華事変に集中すべきで、外蒙古あたりで事を起こしたくないと考えもしたが、

「まあ一個師団くらいならやらせよう」

と板垣陸相が軽く決裁してしまった。満州事変の張本人の板垣であってみれば、また血がさわいだということだろうか。

やがて関東軍が百機を越える飛行機を出して、外蒙古領内深く侵入し、タムスク基地を爆撃するにおよんで、事態は一変した。あきらかに外蒙・ソ連軍への挑戦であり、上海事変の発端とおなじように、全面戦争になるおそれがあった。天皇の大命なしに外国と戦争をはじめようとする、まごうことない大権侵犯である。

狼狽《ろうばい》した陸軍中央は、懸命に関東軍を引きとめ、思いとどまらせようとした。しかし、関東軍から二十三師団の作戦指導に行っていた参謀の辻政信少佐が、中央の指令を無視した。

「だいたい、日華事変中だから事を起こしたくないなどという中央が軟弱すぎるのだ」

と豪語し、二十三師団にハルハ河にむかって進撃を命じた。

惨憺たる悲劇になった。

高度に機械化された外蒙・ソ連軍にたいし、軽装備の歩兵師団一万五千名が、火焔瓶二個ずつを首から下げ、小銃を持たない方の手に携帯地雷一個を持って進撃していったから、全滅一歩手前のところまで打ちのめされた。

のち、九月十五日に停戦協定が成るまでに、日本軍の死傷一万八千名。戦死または自決した連隊長が十名という異常さ。前にのべたように、さすがの陸軍も対ソ戦への自信を喪《うしな》ったのか、それからは、いっそう三国同盟締結を焦《あせ》ることになるのである。

十四年四月後半から、海軍省が異様な空気に包まれはじめた。

このころ大臣秘書官を勤めていた実松譲中佐（当時）によると、右翼、というのか、それ以上に県会議員有志、愛国婦人会支部など、かなり大きい都市の市長や市会議員、はなはだしいのは国会議員までが加わって、海軍省に押しかけてきた。大臣や次官に会わせろと強要したり、辞職しろと要求したりした。

ノモンハン事件で、陸軍は存在理由を問われかねない正念場に立たされていた。一日も早くドイツと同盟して、強大な味方を得、ソ連の脅威を免れねばならない。

とすれば、三国同盟に反対している英米派――その筆頭の米内光政、つづいて「好物の巨魁」山本五十六、なかでも山本をテロによって血祭りにあげ、かえす刀で湯浅内大臣、松平宮内大臣、結城豊太郎、池田成彬などの親英派を殺害、日本を親独一色に塗りつぶし、陸軍の好きなナチス的統制経済体制に切り換えて、軍事大国的な国防国家にしなければならぬ――それは、三月事件以来の陸軍の考え方からすると、至極当然の道すじであった。

国づくりでは、満州国をつくりあげた「成功」例をもっていた。そこは、陸軍にとって何ものにも代えがたい財産であると同時に、巨大な策源地であり、かつレーゾン・デートルでもあった。満州中国から撤兵することが、後日、日米交渉成立へのカギになるが、陸軍は、日米戦争を賭しても満州を手放すまいとした。そのために、終戦までに市民を含め六百五十万ちかい死傷者を日本に課した。あまりにも無惨な執着であった。

だが、そのテロに狙われる当人たちにとってみれば、冗談ではなかった。

政治家や財界人は、二・二六事件を思い出して、落ち着けなかった。

「天に代わって山本五十六を誅《ちゅう》する」

といった「斬奸状」をつきつけられている山本は、身のまわりを整理し、遺言状をしたためた。

述　志

一死君国に報ずるはもとより武人の本懐のみ、豈《あに》戦場と銃後を問はむや。

勇戦奮闘戦場の華《はな》と散らむは易し。誰か至誠一貫、俗論を排して斃《たお》れてのち已《や》むの難きを知らむ。

高遠なるかな君恩、悠久なるかな皇国。思はざるべからず君国百年の計。

一身の栄辱生死、豈論ずるの閑《いとま》あらむや。

語にいわく

丹可磨而不可奪其色、蘭可燔而不可滅其香と。

此身滅すべし、此志奪ふ可からず。

昭和十四年五月三十一日

於海軍次官官舎　山本五十六

五月三十一日という日付が、なにやら鬼気を帯びて迫ってくる。しかしこうして覚悟をきめると、諸事ふっきれるのか、榎本重治書記官（中将相当の文官）にむかい、

「世間では自分を三国同盟反対の親玉のようにいうが、おおもとは井上だよ」

と、首をすくめてみせたり、好き勝手に歩きまわって周囲をハラハラさせたりしたという。そして、山本から「巨魁」扱いされた井上は、軍務局長という役柄が表立たないせいか、テロのリストからは漏れていた。

もう一人のターゲットである米内は、大臣になるとすぐ、夜中でも秘書官が緊急電報を届けやすいようにと、海軍省のすぐ隣にあった大臣官邸に、週末をのぞいて起居していた。山本のようにあちこち出歩いたりすることがなかったから、警備に手がかからなかったそうである。

そのうちに、事態はさらに切迫し、横須賀鎮守府から陸戦隊一個小隊を派遣、海軍省の警備に当てざるをえなくなった。さらに横須賀鎮守府には、後詰めの特別陸戦隊一個大隊を用意し、連合艦隊にも万一のための準備命令が発せられた。二・二六事件の亡霊が甦《よみがえ》ったようであった。

なお、開戦決定にいたるまでの間に、そのときの永野軍令部総長や嶋田海相が、もし開戦を決意しなければ国内には内乱が起こり、陸海軍が相戦うことになって、その結果は、やはり戦争になる、といった危惧を述べている。まさか内乱など起こるものかとその危惧を一笑に付する評者もあるが、このときの異様な空気は、なかなか説明するのにむずかしい。

事実、そのころ、

「海軍は敵だ」

という声が、陸軍側からさかんに放送されていた。

こんなこともあった。

天津のイギリス租界当局と北支派遣軍との対立に端を発して、国内で反英運動が燃えあがった。七月上旬から中旬にかけて、内務省が新聞社に指令を出し、反英記事を書かせ、十四日には反英市民大会と銘打った六万五千名の示威運動で、「反英ののろしは日比谷原頭より」というスローガンを掲げて、租界問題を交渉する日英東京会談を牽制した。

山本次官は、こういう一連の反英世論の盛りあがりは、陸軍と内務省が話し合った、指揮命令系統によって指導されていること確実と見ていたが、その観測が間違っていなかった裏づけを、木戸内相が語っている。

「――反英運動はあのとおり大成功で、日英会談もうまくいきそうになった。そこでこんどは三国同盟にむかって邁進《まいしん》する。そのときはデモをやるつもりだから、警保局ではぜひ取り締まらないでくれ。つごうよくいくようにかばってくれ」

陸軍省軍事課長（岩畔豪雄（陸大38）大佐）が警保局の担当者たちに、そう注文したという。

聞いていた橋本保安課長が怒った。

「いやしくも自分は政府の役人である。国策としてもう三国同盟はやらないことに決まった以上、それに反抗するためのデモは取り締まらねばならない責任がわれわれにある。そんなことは引き受けられない」

とたんにそこにいた陸軍がわめいた。

「お前は海軍の犬かッ」

あまりの暴言を腹に据えかねた橋本課長が、一部始終を木戸内相に報告して、この話が記録に残ることになった。だが、これくらい当時の陸軍の気持ちを伝えた話もないだろう。

アメリカ議会によって「隔離」され、その後おもてだった動きがとれなくなっていたルーズベルト大統領だったが、日本軍の中国での進撃がつづき、その上、天津でイギリス租界を封鎖、正面きって外国権益の圧迫をはじめると、孤立主義者のバンデンバーグ議員が、たまりかねたように日米通商航海条約の廃棄決議案を提出した。これこそ渡りに舟であった。七月二十六日、ルーズベルトは廃棄通告を日本につきつけた。六ヵ月後には、日本にたいしてフリーハンドを持つことになる。道義的禁輸措置によるほか有効な締め上げ手段を持たなかったルーズベルト大統領にとって、これは、長いトンネルをぬけて一時に眺望がひらけたようなものだった。

一方、日本では、三国同盟締結のための押し問答がなおもつづいていた。

陸軍は、全軍一致して早期無条件締結にかたまり、まっこうから反対する米内、山本に圧力をかけてくる。海軍中央の課長（大佐）や首席課長（中佐）のなかには、締結に賛成するものもあった。親独派の影響力も、しだいに強くなりつつあった。

井上の『思い出の記』に、

「昭和十二、三、四年にまたがる私の軍務局長時代の二年間は、その時間と精力の大半を三国同盟問題に、しかも積極性のある建設的な努力でなしに、ただ陸軍の全軍一致の強力な主張と、これに共鳴する海軍若手の攻撃にたいする防御だけに費やされた感がある」

とある。

といっても、これは井上成美だからこそできた「防御」であった。陸軍のメッケル流議論達者に対抗してま正面から正論を貫くことのできる人は、海軍にはおそらく井上成美しかいなかったろう。「海軍若手の攻撃」に対抗できる人も、かれしかいなかった。

だから、平沼内閣が総辞職して米内、山本、井上の三羽烏が中央から姿を消すと、そのあとは、次官も軍務局長も、いわゆる温厚で頭脳明晰な事務処理に練達した人ばかりになり、親独派の攻撃を論駁しえなくなった。米内、山本、井上時代、小ゆるぎもみせなかった海軍の屋台骨が、小ゆるぎどころか、見方によっては大揺れすることにもなるのである。

ともかく、八月二十三日、降って湧いたように独ソ不可侵条約が締結された。あれだけ揉みに揉んだ三国同盟案も、ドイツとソ連が手を結んでしまっては、無意味なものになった。悲劇ではなく、喜劇的な結末だった。

呆然とした陸軍は、それまでの意気込みのもってゆき場がないようにみえた。

大島駐独大使は、リッベントロップ外相に防共協定の秘密協定違反を抗議したが、外相は、背に腹は代えられなかったと答えた。そこで日本政府は、三国同盟交渉の打ち切りを大島大使に申し入れさせたが、大島は、これでは他人行儀すぎる、ドイツはいま死活にかかわる危機にあるのにそれをいうのは、将来の日独関係に悪い影響を与えるといってきた。

さすが大島らしい考えだったが、重ねての政府の訓令で、しぶしぶ、それもドイツのポーランド侵攻作戦が一段落したあとで申し入れた。

独ソ不可侵条約締結を聞かれた天皇は、漏らされたという。

「これで陸軍がめざめることとなれば、かえってしあわせであろう」

五日後、平沼内閣は総辞職した。

「今回締結せられたる独ソ不可侵条約により、欧州の天地は複雑怪奇なる新情勢を生じたので……」

という有名な言葉を残して。

第三章　吉田善吾

吉田善吾（海大13）中将の考えは、米内、山本、井上とおなじであった。

「三国同盟を結べば、アメリカ、イギリスを向こうにまわした戦争になる。国を誤るもとである。どんなことがあっても、同盟を結ばせてはならない」

その意味からいえば、吉田は米内の延長線上にあった。だが、米内ほど恵まれた手足を持っていなかった。

住山徳太郎（海大17）次官は、侍従武官兼東宮武官をつとめた温厚な紳士で、すぐあだ名をつける若手からは「女子学習院長」と尊称を奉られ、それにふさわしく挙措重厚、しかし、意見がなかった。

また、井上に代わった阿部勝雄軍務局長は、海軍大学校を恩賜品をいただいて卒業（海大22）した逸材。アメリカに駐在。大佐のとき、随員としてロンドン会議に出席。英米の力押しに憤慨したのか、軍令部情報部長をつとめて軍務局長に転じたころは、どうやら親独派のシンパぐらいには変身しているようだった。

つまり、吉田トリオは、米内三羽烏と違ってバラバラであった。

そんなところに、第二次世界大戦が勃発した（十四年九月一日）。

「なるほど。独ソ不可侵条約は、ポーランド侵入のための準備工作だったのか」

したり顔で言っても、後知恵では何もならない。

情況判断の誤りであったが、それよりも情報不足が問題であった。この問題は、やがてまた日本の切所での判断を大きく誤らせるが、それは、のちの話である。

いや、情報不足のほかにも、日本の場合、思いこみが判断力を曇らせた。それも、身びいきに傾いた思いこみは、判断の基礎をさえ変色させた。

この時点までできたドイツにとっての日本の価値は、ソ連を対象とした直接的な寄与でなく、太平洋方面でアメリカとイギリスを牽制してくれればそれでよい、といった間接的なものに格下げされていた。

ルーズベルトやチャーチルが、ロング・レーンジで物を見たのにたいして、ヒトラーはショート・レーンジで物を見ている気配があった。それがまた、ショート・レーンジで物を見る日本陸軍の固有の振幅と合うのであろう。

ソ連も、ぬけめはなかった。ノモンハンで圧倒的に有利な地歩を占めながら、九月十五日にはそそくさと停戦協定をとりまとめ、後方（東部国境地帯）への憂いを断つと、一転して、その翌々日から東部ポーランドへ侵入した。

鮮やかなものだ。

名目には秩序の回復と白系ロシア人の保護をあげていたが、その実、ポーランドの西の国境線を突破して、東のソ連との国境線に向かい、いわゆる「電撃戦」で東進してくるドイツ軍を、できるだけソ連国境線から離したところで食いとめ、そこに独ソの新しい国境線をつくろうとする苦肉の策であった。

軍隊というのは、洋の東西を問わず、おなじようなことを考えるものである。

それにしても、ドイツの「電撃戦」の効率のよさは世界を驚かせた。二千機以上の飛行機を集中してまず制空権を奪い、五十四個師団を一気に注ぎこんで、二週間でポーランド軍を撃滅し、一ヵ月あまりで作戦を終わった。

制空権下の艦隊決戦という新しい兵術思想には、日本海軍も注目し、計画を練り、訓練をはじめていた。しかしそれも、まだ補助兵力として航空を考えているだけであった。二千機以上の飛行機を集中し、立ちあがるやいなや航空撃滅戦をくりかえして一気に制空権を奪ってしまう。そしてまず戦勢を決し、地上部隊（海上部隊）はそのあと勝利を確実にするための押さえをする、というような、ドイツの開発した航空主兵思想にまでは徹していなかった。

日本陸軍は、それよりもさらに思想的に旧《ふる》かった。依然として日露戦争ころの歩兵主兵、夜戦重視の白兵突撃主義であった。この思想は、ノモンハンで時代遅れであることを証拠立てられながら、日華事変はもとより、太平洋戦争中ですら随所に顔を見せた。飛行機は、主任務が歩兵戦闘への協力と戦場付近の制空権の確保とされた。戦術的任務である。爆撃機なども航続距離が短かった。

日華事変では漢口まで占領したが、蔣介石は重慶に移ってなお抗戦をゆるめず、完全に思惑が外れた。ノモンハンでは完膚ないまでにソ連軍に痛めつけられて自信を喪失した。その陸軍にとって、ドイツ軍の電撃戦の成功は、神業のように見えたに違いない。陸軍は、ここでまたドイツに大傾斜して、三国同盟への執念を燃えあがらせた。

ドイツの背信行為で独ソ不可侵条約が生まれ、そのため平沼内閣が崩壊し、三国同盟問題もけし飛んだ苦い記憶など、すでにどこかへ置き忘れたようにみえた。

――相手は、また背信行為をしかねない。一度あることは二度あること。またいつどこで、どんな苦い水を飲まされるかわからない、とは考えなかった。

そういう慎重さと自主性を、陸軍は失っているようだった。かれらは、前とおなじようなアプローチのしかたで、ドイツに接近した。「勝てば官軍」的事大思想である。

――ドイツはかならず勝つ。

との信仰にも近い確信が、前回よりもいっそう強くかれらを駆り立てた。はやく同盟を結ばないと、バスに乗り遅れそうであった。

戦後すぐ（二十一年一月）、永野、吉田、及川をはじめ、中央の枢機にたずさわった人たちが集まり、戦争検討会を開いた。そのとき吉田は、

「私は十四年八月から十五年九月はじめまで大臣をやったが、在任中三国同盟の話は出なか

った」

と明言した。ということは、吉田時代は、三国同盟問題は海軍省としてはまだ表面化せず、もっぱら水面下の、ないし舞台裏の工作がおこなわれていたのであろう。

吉田は、前にものべたが、三国同盟には反対で、そのために米英を敵に回したら、日本は国が亡びると心配していた。日本はアメリカから石油の九十パーセント、銅の九十三パーセント、鉄鋼の約五十パーセント、鉱油の五十六パーセント、綿花の約四十パーセントを輸入し、その外貨をかせぐために生糸の八十二パーセント、罐詰の十三パーセント、絹織物の十五パーセントを輸出していた。

――エネルギー、基礎資材にまたがるこのような圧倒的、致命的な経済的な結びつきが切れた場合、他のどの国によって肩代わりできるというのか。またイギリスを敵に回せば、かならず対日封鎖に発展し、アメリカはイギリス側について長期戦となる。日本はこの封鎖と長期戦にどう耐えうるというのか。勝つ敗けるの問題を通り越し、旱魃《かんばつ》にあった稲のように立ち枯れてしまうだけではないか。

あとの話（第二次近衛内閣成立直後）になるが、吉田は海軍省、軍令部の上級幹部を集めて語っている。

「日本海軍はアメリカにたいして一年しか戦えない。……海軍は固い決意で国策を運用すべきであり、けっして引きずられてはならない。一年しか持久力がなくて戦争にとびこむのは、暴虎馮河《ひょうが》である。海軍士官で、全般の知識なく、勝手なことをいうのはよくない。軍備と持久力の関係を、軍令部で深くつきつめて研究してもらいたい。海軍の足が地についていないのではないか。ここであらためて海軍軍備の再検討をする必要がある。課長や部員に委せっぱなしにせず、海軍省と軍令部が一体となって対策を立ててもらいたい。事務的にかたづけては困る。

いまの内閣（第二次近衛内閣）には断行する力がない。政府の挙げる政策要綱は、あれはたんなる希望をならべたにすぎない。海軍軍備の再検討を急いでもらいたい。ドイツ側の流す甘い観測を軽率に信じてはならない。

日本は今後、窮境に陥るかもしれない」

何はともあれ、原点に立ち戻り、頭を冷やして考え直せ、と命じたのである。

それにしても吉田の焦燥が手にとるように伝わってくる。

かれは、平沼内閣を引き継いだ阿部内閣を、こう評した。

「内閣にはなんら経綸というものがない。陸軍が思うように動かしている。陸軍大臣の同意をえて閣議できめても、翌日になるとすっかりひっくりかえっている」

陸軍では、中佐あたりが「思うように政治を動かして」いて、大臣（大将、中将）もそれを押さえることができなかった。大臣は、使い走りにすぎない。閣議できめても、陸軍省に帰って、

「それはだめです。だめです」

とこの中佐殿に拒否されると、内閣が職権を行使するための最高の意思決定機関である閣

議の決定であっても、なんのそのだった。また前日に陸軍大臣が署名をしたものであっても、翌日には決定をひっくりかえしてかえりみなかった。

米内内閣への期待

阿部内閣は、四ヵ月半しか保たなかった。そして、十五年一月十六日、陸軍の期待を裏切ったかたちで、米内光政大将を首班とする新内閣が誕生した。

阿部内閣の畑俊六(陸大22首席)陸相に大命が降下すると誤り伝えられて、大喜びで組閣準備にかかっていた陸軍は、逆上した。陸軍省軍務局長になっていた武藤章は、

「海軍の陰謀にしてやられた」

と地団駄を踏んだ。陸軍は阿部内閣を倒すとき、近衛公爵を首相にもってきたいと考えていたのだ。

——近衛は知的シャッポだ。

といった陸軍の若手もいたくらいで、近衛公は知的青年宰相として国民にたいそう人気があった。しかも、陸軍の注文どおりに動いてくれるので、陸軍にとってもっとも仕事のしやすい、都合のよい首相であった。

しかし近衛は、経済知識がないからといって、どうしても引き受けなかった。重臣たちが協議の末、米内を推した。

天皇の米内にたいする御信頼は厚かった。

三国同盟問題で海軍が最後まで反対したことをよく御存じで、参内した米内に、

「海軍の働きで国が助かった」

と漏らされたこともあった。米内に組閣を命じられたあと、それでも御心配になったのか、すぐに畑陸相を呼ばれ、

「米内に大命を下したが、陸軍はこれに協力するか」

と念を押された。陸軍は、気に入らぬ者に組閣の大命が下ると、陸相を出さぬといって宇垣内閣のときのようにぶちこわしてしまうことを御存じだった。

「陸軍はまとまって、新しい内閣についてまいります」

畑がやむなくそうお答えしたので、いかにも満足そうにうなずかれた。

「それは結構だ。協力してやれ」

天皇からじきじきに賜わるねんごろなお言葉を、当時は「優諚《ゆうじょう》」といった。たとえば北支事変のときのように、大命が出ても無視して予定計画を強行する陸軍でも、こればかりはお言葉どおりにしなければならなかった。

だから陸軍の一部では、優諚を賜わることをお願いして陸軍を押さえつけようと企んだ、これは海軍の陰謀だといきりたつ者もあったという。

念のためにつけ加えておく。

近衛公は海軍の内閣に反対で、米内内閣ができたあとも、

「あれができた黒幕は原田だ」

と西園寺公の秘書原田熊雄男爵を名指しでいいふらし、原田を怒らせたという。いろいろ調べてみると、近衛公は、臣下最高位の関白家としてドイツびいきで、したがって陸軍びいきだったのではないかと思われる。昭和十二年某日、自邸で仮装パーティーを開き、近衛自身ヒトラーに扮した得意気な写真が残っているが、あるいはドイツびいきというより、ヒトラーびいきであったのかもしれない。

だがその優諚も、六ヵ月たてば時効が来るとでもいうのだろうか。ちょうど六ヵ月と一日目に、米内は畑陸相の単独辞職、陸軍から現役大将の後任は出せないという例の手段をとられて、総辞職せざるをえなくなる。

米内内閣は、陸海軍大臣をそのまま留任させて、昭和十五年一月十六日発足した。むろん、英米との関係修復に力を入れようとしたのだが、その米内が、在任六ヵ月の短い期間に、どうしてこんなにも英米がらみの難題に苦悩しなければならなかったのだろうか。

ほんとうのところ、米内内閣以前の内閣のとった政策にたいする英米の反撥がたまたまツケを払わされるかたちでこのときに集中してきたのだが、目先のことしか見ない世間は、それらをあたかも米内内閣の失政のようにうけとり、政治力に弱さのあった内閣を揺すぶりはじめた。

まず、発足五日目に起こった浅間丸事件。

一月二十一日午後一時ころ、房総半島の突端、野島崎の東約六十五キロの洋上で、ホノルルから横浜に帰る日本郵船浅間丸が、英巡洋艦リバプールに停船を命じられ、乗っていたドイツ人三十一名が連行された。

国際法規による政府の処理としては、浅間丸船長を辞《や》めさせる必要がないのに辞めさせたという失策はあったが、冷静にいうべきはいい、とるべき処置はとってイギリスに歩み寄らせ、まず無難に事件を処理することができたといっていい。しかし新聞は火がついたような激越な反英キャンペーンを展開した。

「法規的解釈ばかりあげつらうな。日本人の国民感情を配慮せよ」

この大合唱は、しかし逆に、日本人が感情民族であり、感情が激すると何をやりだすかわからないといった危惧をイギリスに抱かせた。イギリスは、中国に永年にわたって投資し、育成した巨大な権益を持っていた。その規模は、日本の比ではなかった。このあと中国と日本の問題について、イギリスはアメリカにくらべて日本により協調的な態度をとるが、それがこの危惧に由来したとすれば、キャンペーンは思わぬ効果をあげたといえるかもしれない。

第二は、日米通商航海条約が一月二十六日に失効したこと。

前にのべたように、日本はアメリカの経済圏に入っていた。入っていなければ生きていけないまでになっていた。そのアメリカとの動脈、つまり日本の経済的死活が、これからはルーズベルト大統領の手に握られることになった。日本を生かすも殺すも米大統領の勝手になった。

ひとつの国の生死が、武力によるのでなく、経済的に他の国の政治権力に握られるというのは、異常といわねばならぬが、日本とアメリカの場合、まさにそのとおりだった。アメリカがパイプを締めると、日本の必要とする石油エネルギー資源の九十パーセントが手に入らなくなるのである。

明治以来、石炭を焚《た》いて走っていた海軍艦艇は、昭和にはもうすっかり重油だけを焚くボイラーに――高出力高能率で取り扱いの簡単な近代制式のものに変わっていた。軍艦は、飛行機をふくめて、油がなければ作戦どころか、走ることも生きることもできなくなっていた。

海軍は、その致命的な脆弱点を考えなかったのだろうか。

とんでもない話である。充分以上の危機感をもっていた。山本次官ともあろうものが、水から油がとれると聞くと、なりふりかまわず信用し、実験した結果インチキだとわかってガッカリした話すらあったほどだ。しかし、油に代わるものはなかった。人造石油も、日本ではまだ問題にならなかった。

だから情勢が険悪になると、懸命にアメリカから石油を輸入し、運びこんだ。その結果、海軍としては一年半、あまく見ても二年はなんとか凌《しの》げるという見通しが立つようになった。

しかし、

「もし石油の全面禁輸をされたならば、はじめの四、五ヵ月以内に武力を使って南方を押さえなければ、日本は燃料エネルギーのために国を護ることもできなくなる」

という暗い結論が出ていた。

それを聞いた吉田は、軍令部の宇垣纏（海大22）作戦部長（開戦時の連合艦隊参謀長）に懸念を語った。

「蘭印の資源地帯を占領したとしても、海上交通線の確保がむずかしく、資源を持ってくることができないのではないか。そうだとすれば、蘭印を攻略するのは無意味ではないか」

海軍が懸命に貯えた石油は、十六年夏ごろまでに約七百万トンになっていた。これに陸軍用と民間用を加えると、企画院の計算によれば約八百四十万トン。開戦から終戦までに実際に運びこむことができた南方油は、約四百七十六万トンで、はじめの貯油量の約半分にしかならず、吉田の懸念が正しかったことを証拠だてた。

そのころの日本が、どうしても海外に求めなければならなかった原材料は、石油、ゴム、ボーキサイト、ニッケル、錫、鉛、銅、鉄鉱石、米であり、それらは、インドシナからマレー、蘭印にかけて豊富に埋蔵または収穫されていた。

——なんとか平和的、経済的手段でこれを手に入れたい。

海軍は、もともとそう熱望し、そのために武力を使うことだけは避けねばならぬと考えていた。武力で南方を押さえようとすれば、当然アメリカとの戦争になる。日米戦争は長期戦になり、長期戦になれば日本は勝てない。戦争にだけはしたくない、と心を決めていた。

そのとき、第二次大戦がはじまり（十四年九月）、前にのべたようにドイツがポーランドに侵攻、つづいてソ連が、ポーランド東部に侵入、さらにフィンランドを攻撃した。

これがどう発展するか。アジアにどんな効果を波及させるか。この判断を誤ると、日本の生存にかかわる深刻な影響を及ぼすことは、だれの目にも明らかだった。

軍令部情報部は、ここでまた大きな誤判断をするのである。

「――ドイツは電撃戦成功の勢いを駆って、宿敵イギリス攻撃にとりかかり、海上封鎖に打って出るだろう。西部戦線へは進撃しないだろう」

そうだとすれば、長期戦になることは疑いなかった。その場合、日本としての重大問題は、ヨーロッパでオランダが侵攻されたとき、蘭印の油田地帯がどこに帰属することになるかであった。もしイギリス、アメリカなどが艦隊を蘭印に急派してこれを保障占領しようとしたり、あるいは蘭印で暴動が起こって居留民保護のために日本が兵力を急派しなければならなくなったりして、それを契機としてアメリカ、イギリスが軍事的、ないし経済的対日締めつけを強め、日本が生存を脅かされることになったら、そのときはやむをえない。開戦に踏み切らざるをえないと身体を固くしていた。

しかし、五月一日のヒトラーの西部戦線攻撃命令で幻想は消しとんだ。

五月十日にはオランダの首都ヘーグが占領され、イギリス内閣は総辞職してチャーチルが首相となり、十三日にはオランダ政府がロンドンに移り、十七日にはベルギーの首都ブリュッセルが陥ちた。フランスの防衛線であるマジノ・ラインは破られた。二十六日には、イギリス派遣軍はダンケルク付近からドーバー海峡を渡って本土に撤退をはじめた。そして六月十四日、ドイツ軍はパリに入城、フランスとの休戦協定を結んだ（六月二十二日）。

このときに世界中が受けた衝撃は、言葉ではいいあらわせないほど大きかった。

――わずか二ヵ月たらずで、ドイツは西欧――オランダ、ベルギー、フランスを征服し、幅三十四キロしかないドーバー海峡を隔ててイギリスと向きあったのである。

アメリカも狼狽した。

「オランダがドイツに占領されたから、蘭印は宙に浮いた。第三国が軍隊を出してこれを保障占領しない前に日本が蘭印を占領しようとするのではないか」

ルーズベルトは惧《おそ》れた。もしそれが原因で太平洋で日米戦争がはじまると、当時のアメリカにはすぐ動かせる兵力がたりなかった。ヨーロッパの急迫に備えると、太平洋に兵力は回せなかったし、太平洋に回せば、ヨーロッパはなりゆきにまかせるしかなかった。

当時、ワシントンではまことしやかな誤報が乱れとんで、ルーズベルトもハル国務長官も、ノイローゼになりそうだったという。

しかし、米内にはそんな考えはなかった。英米と戦ってはならぬという信念からの三国同盟反対の立場は、たとえドイツがいまの時点で優勢であろうと、すこしも変わらなかった。

ある日、かれは、法制局長官広瀬久忠にこういったという。

「ヒトラーやムソリーニは一代身上だ。あんな者と一緒になってはつまらない。かれらは身上を棒に振ったところで、もともとだ。たいしたことはない。日本には三千年の歴史がある。日本の天皇と一代身上者とおなじ舞台にあげて手を握らせようなんて、とんでもない話だ」

『マイン・カンプ』を書いたヒトラーにたいする不信、独ソ不可侵条約を結んだドイツの背信を見てきた米内の対独不信感は、揺らぐものではなかった。

だが、ドイツの意表をつく戦法が図に当たって大進撃に成功すると、じっとしていられなくなった陸軍は、三国軍事同盟締結、外交の親独路線転換と国内新体制、つまりナチスばりの一国一党組織にしろと叫びはじめた。そうなると、

「国内新体制はとるべきでない。憲法の定めるところによるべきだ。三国軍事同盟には反対である。ヨーロッパの戦乱に巻きこまれず、静観すべきだ」

との方針を固めて動かぬ米内内閣が邪魔になってきた。陸軍の武藤軍務局長あたりが、革新右翼と組み、倒閣に動きだした。

天皇の米内への御信任が厚く、内大臣に、

「米内内閣をなるべく続けさせたい」

とどれほど希望されていようと、かれらは倒閣の手を緩《ゆる》めなかった。

「バスに乗りおくれるな」

おかしな言葉が、かれらの口を衝いて出ると、妙に説得力をもった。ヨーロッパの火の手を見て、はじめは半信半疑で、やがては何か確信を植えつけられたような表情に変わって、人が走り、グループが走り、群衆が走った。

ソ連を対象に、共産主義からの防衛を目的としたはじめの三国同盟が、いまでは英米を対象にした多分にマキャヴェリズムの色彩を濃くしたものに貌を変えていた。三国同盟が、シンガポール、ジャワへの南進とからめて論じられた。

ドイツからしきりに送られてくる情報は、

「早く、早く」

とそれを急きたてていた。あすにもドイツの対英上陸作戦がはじまるように思われた。おどろいたことに、大島駐独大使は、情報操作をして、ドイツに不利な情報を日本に送らせなかったのである。その上、みなすっかりドイツに魂を抜かれていたのか、ドイツ高官たちの言葉は口移しのように伝えてくるが、その現場にいって、自分の目で確かめた上で報告しようとはしなかった。結果として、大島大使が意図した以上に、ドイツにたいする不利な情報は日本には送られなかった。

ドイツが、上陸用舟艇の整備ができないことをふくめてすでに対英上陸作戦の戦機を逸したこと、フランスが崩壊すればイギリスは戦意を失い脱落すると考えていたヒトラーの判断が外れ、いまではこれに手を焼きはじめていること、ドイツ空軍は数でこそイギリス空軍よりも優勢であったが、実際にはイギリス空軍に勝てないことなどの情況は、日本には伝えられなかった。

日本の世論は、陸軍とマスコミの苛立《いらだ》ちにあおられ、一人一殺を合言葉に動き出した極右の不気味な気配を感じながら、それでも早く米内内閣が倒れないと日本はバスに乗り遅れるのではないかと思った。

アメリカの対日不信

米内内閣が七月十六日に総辞職に追いこまれるまでの間に、アメリカは痛烈なパンチをつぎつぎ打ちこんできた。

英米との友好回復を志しながら、その相手から痛烈なパンチを食うのは、あまりにも皮肉な話だが、その点アメリカも、米内内閣の性格を十分に見届けていなかったようだ。グルー駐日大使の意見具申などを無視して日本をヒトラーと同列に置き、ヒトラーの意外の成功に刺戟されて感情的な拒絶反応を起こしたものらしかった。

五月一日、ヒトラーが西部戦線で攻撃命令を発し、前にのべた大戦果を挙げてイギリスを島帝国に追い返して孤立させると、ルーズベルトは、五月七日、対日艦隊決戦の演習を終えた太平洋艦隊をハワイに駐留させると発表、日本の南方進出を牽制した。

武力南方進出――米英と戦争を賭けることなどまったく考えていなかった米内は、アメリカの対日不信におどろくと同時に不吉なものを感じたが、さらにアメリカは、追い討ちをかけた。

六月十四日成立した第三次ビンソン案（海軍拡張案）につづき、七月十一日、両洋艦隊法案が上下両院を通過した。

「瓢簞《ひょうたん》から駒」

というのがこのことだった。

ドイツがフランス艦隊を接収し、それでアメリカを攻撃してくるという噂が流れて、米国民も議会もヒステリー状態になっていた。たまたま議会で第三次ビンソン案の説明をしていたスターク海軍作戦部長が、予定にもなかった両洋艦隊法案――ドイツにも日本にも勝つことを目的とした天文学的数字の海軍大拡張案を提案した。そうしたら、アッという間に満場一致で可決された。

アメリカ人がどれほど感情に動かされやすい国民であるか——どれほど日本人のお株を奪うほどのエモーショナルな人々の集合体であるかを事実によって証明した。

ついでにのべておく。日米という二つの国は、たんにどちらもエモーショナルで、野球好き、お祭り好きの点が共通しているというだけでなく、思考方法にも行動様式にも、ずいぶん共通ないし近似しているところがある。

ことに海軍の場合、くりかえすようだが、大海軍主義をとなえて一世を風靡《ふうび》した、アメリカ海軍の誇る史家マハン提督の思想が、アメリカ海軍で信奉されてきたのはいうまでもないが、そのころアメリカに留学中であった秋山真之少佐——日露戦争中の連合艦隊作戦参謀で日本海軍兵術思想の開祖、源流といわれる天才が師事することによって受け継がれ、もしかすると日本海軍の方が熱心な一番弟子だったのではないかと思われるほど思想的に日米海軍は同根であり、同一線上にあった。

この思想的近似性は、前記日米国民性の近似性と重なって、カルチュア・ギャップこそあるものの、日米海軍は、兵術思想からみればアメリカ海軍と同じ道を同じ方向に向かって走っていた。

大統領になる前から無類の海軍好きであったルーズベルトの思考方法と行動様式も、すでにのべたように、多分にマハンふうであり、海軍流であったといえる。

ハワイに太平洋艦隊を常駐させて睨みをきかせ、日本の武力南進を牽制しようとしたのも、またのちの話になるが、プリンス・オブ・ウェールズとレパルスをシンガポールに進出させて、日本の南進を抑止しようとチャーチル首相が決断したのも、マハン的であった。チャーチルもまた、オールド・セイラーを自認する海相経験者だったから、当然といえたが。

これもあとの話だが、開戦後の日米海軍による虚々実々の戦いの様相も、双方同根でなければ、ああも火花が散るような、絵巻物のような見事な戦いぶりにはならなかったであろう。

真珠湾、ミッドウェー、ソロモン、マリアナ、レイテ、沖縄の、あの全力と全力との大激突と、一方がダウンするまで猛烈果敢に追いつめ、他方また最後の一兵になるまで戦いぬく闘志は、どうであろう。

これは、敵味方が同じような思想と価値観をもっていなければそもそも起こりえないことで、そうでなければ、たとえば日露戦争の場合のバルチック艦隊の一隊のように白旗を掲げたり、第一次大戦のときのドイツのように主力艦隊はジャットランド海戦後は港に潜んで出てこず、潜水艦を働かせて交通破壊だけに専念したりすることになったであろう。それですこしもおかしくなかったのである。

さて、両洋艦隊法だが——この大拡張法が成立したため、日本海軍としては、前記のとおり、もうどうしようもなくなった。それまでは、アメリカが拡張法案を成立させると、なんとか工夫してその七割の戦力を持つことになるような建艦計画を立てて対応してきた。それが、ここまでになると、国力と工業力がネックになって、対応不可能になってしまった。

両洋艦隊法は、昭和二十一年までの七年間に、主力艦（戦艦）三十五隻、空母二十隻、巡洋艦八十八隻、駆逐艦三百七十八隻、潜水艦百八十隻、合計七百一隻、軍用機二万五千機をつぎつぎに完成させていこうとするもので、日本にとっては、月日がたてばたつほど不利になる計算であった。

身を潜める場所もない洋上の戦闘では、なんといおうと、強い者が弱い者に勝つ。その強さの要素は、何よりも量と質。海上の指揮官は、最善をつくして味方の強さを相手の弱さにむかってぶつけ、味方の強さを最高度に発揮させつつ勝利をえようと努めるのである。

対米劣勢を補助艦艇にも押しつけられた日本海軍が、非債の涙をのんだロンドン軍縮会議後、心の平衡を失い、統帥権干犯問題などという政治問題に巻きこまれ、かけがえのない海軍の良識を何人も切り捨てるようなつまらない結果を招いた。

「第一次大戦は化学の戦争であった。第二次大戦は数学と物理学の戦争である」

と二つの戦争の性格をとらえた、のちの太平洋艦隊司令長官ニミッツ提督の客観性と科学性が必要であった。それが、さきほどから述べている日米海軍均質論のなかで、最大の落差といえたのではなかろうか。

陸軍の奥の手の、軍部大臣現役制を楯にとった陸軍大臣の単独辞表提出、後任を陸軍は出さないという総辞職強要手段をとられては、米内も内閣を投げ出さざるをえなかった。

七月十六日午後であった。

近衛公に大命降下

陸軍の待望する近衛公に大命が降ったのが、翌十七日夜。

十九日は、いわゆる荻窪会談で、これは組閣前のことだから、首相、陸相、海相、外相のそれぞれ候補者が集まり、フリートーキングのような、近衛内閣の性格を象徴するような、責任のあるようなないような、中途半端な会談が開かれた。

顔ぶれがおもしろかった。首相は近衛、陸相は東條英機中将、海相吉田善吾中将、外相が松岡洋右。吉田海相はこのあと二ヵ月あまりで及川古志郎大将と交替するから除くと、日本を「直接」太平洋戦争開戦にリードしていった人たちが、結果論ではあるが一堂に集まり、揃い踏みをしていたことになる。

近衛内閣は、七月二十二日に成立した。大命降下から五日もかかったのは、それだけ難産であったことを意味する。

だが、どれほど人を選ぼうと、もうこのときには、日本の歩むべき方向は決められていたのもおなじだった。残されていたのは、どの道を通って、どう歩むか、の選択だけであった。

——九年前、軍事国家建設を狙う人たちが満州事変をはじめ、三年前に日華全面戦に突入、さらにドイツと手を結び、アメリカ経済圏に入ることによって生存しえている日本の基本条件を忘れてアメリカを敵に回した。ヨーロッパを侵略席捲し、はげしいユダヤ人迫害をするナチと手を結んだのがキメ手になった。

それにたいするアメリカの膺懲的締めつけが、しだいにエスカレートし、それが日本の脆弱点を狙って打ち出されるものだけに、日本にとっての危険度は致命的であった。

このとき、ヨーロッパ戦局を横目に焦りに焦っていた陸軍は、日本の歩むべき道をきめた「情勢ノ推移ニ伴フ時局処理要綱」をつくり、海軍事務当局とも打ち合わせて成文とし、

「これが陸海軍の総意である。これによって政治をやれ」

と政府につきつけるつもりでいたが、その間に米内内閣は倒れて第二次近衛内閣に代わった。

「要綱」の内容には、要するに、インド以東、豪州、ニュージーランド以北の太平洋地域、いわゆる大東亜共栄圏を確立して、そこで英米圏から脱した自給態勢をうちたてる。そして、その機会は、いまを外したらほかにない、というきわめて主観的な構想がのべられていた。ドイツがヨーロッパで大戦果を挙げているいまがチャンスだという「バスに乗り遅れるな」思想である。

はたしてこの共栄圏を手に入れると、思いどおり、英米圏から得ていた原料資材が代わって得られ、製品の輸出ができ、日本の生存が確保できるのか。そしてこの共栄圏は、独伊と軍事同盟を結べば、英米ソを敵に回してもうまく建設できるのか――そんな現実面の検討は、精神至上、作戦優先、即時南進開始の声にあおられ、消されてしまった。

「時局処理要綱」が採択される前に、ばたばたと「基本国策要綱」が決定された。

内容は「時局処理要綱」と同工異曲ながら作文性がもっと強く、気宇壮大なものであった。変わらないのは、どちらも陸軍の考えを文章にした点であった。「大東亜共栄圏」とか「八《はっ》

紘《こう》一宇」という新造語は、「基本国策要綱」ではじめて使われた。

その「時局処理要綱」について、吉田海相は手記にいう。読みやすくすると、

「……この要綱案も、もともと深く検討したものではなかった。はじめ、陸軍が持ち出して、軍令部はそれを鵜呑みにしたまま海軍省に送ってきたものらしく、最初に私の手もとに来たのは七月上旬ころだったか。一見したところ内容が意外にずさんなので、軍務局長などを呼んで質問した。局長などもわかったとみえ、案を改めることにきめた。その後、また提出してきたので読んでみると、言葉のはしばしは修正しているが、要点はすこしも改めておらず、結局、軍令部は参謀本部の思うとおりに引き回されているのが実情であると感じた。

もっともこの要綱案は、それで戦争をひきおこさないことを基本条件にしながら新しい情勢に対応しようとするもので、内容は、どうしても反対しなければならないものばかりではないが、問題は解釈のしかたで意味の幅が広くも狭くもなるように作られていることだった」

軍令部作戦課長だった中沢佑（海大26）大佐もいう。

「……この要綱のなかに『日独の政治的結束を強化する』という字句があった。私は反省するのだが、それは軍事同盟ではないにしても、たしかに三国同盟とは同床異夢であった。またこの要綱には、仮定というか、はっきりしないことが非常に多く、これがだんだんこうじて三国同盟へと進展してゆくのである。これは、吉田海相が辞任する一、二ヵ月前のことだった」

吉田海相が辞任したのは、十五年九月五日だ。

原因は過度の心労と疲労が、ここ数年の間休みなくつづきすぎたことにあった。三国同盟反対に代表される海軍良識の最後の砦《とりで》として時流に抗してきたが、米内海相のときとちがって、次官に山本はいず、軍務局長に井上成美が頑張っているわけでもなく、いわば一人の相談相手もいないところで国運を左右する決断をしなければならなかった。

「(部内に陸軍と行動をともにし、無責任な時流に迎合するものがふえ、そのため)大臣としての義務を果たすため、細かすぎるほど細かい指導と監視が必要になり、部内の統制にはなはだしく苦心するようになった。毎週金曜日の局部長会議(次官が主宰)も、開催日を変更して閣議のない日に大臣みずから出席することにしたし、また重要な案件には、次官や局長の印が捺《お》してあるものでも、もう一度深く当否を検討し直さねばならなくなったが、そうして国策を推進する方向を誤らぬようにしたしだいである。もちろん、大臣として当然のことではあるが、そのため事務の負担は細大となくふえ、心身の過労も日を追って加わるのはいたしかたなかった」

この、一歩を誤れば戦争になりかねないとき、もっとも大きな責任を担う最高責任者が、途《みち》なかばで交替したことは重大な結果を招いた。

なお、その前に、この交替にまつわる妙な話が伝えられていることにふれておきたい。

主人公は、石川信吾大佐(海大25)である。

中佐時代の活躍が忌諱にふれたのか、大佐になると多分に左遷ぎみの田舎まわりをさせられ、給油艦の艦長、機雷敷設艦艦長を経て北支特務部員、そして横須賀鎮守府軍需部総務課長。

「海軍をやめようか」

と思うまでになったが、そこはさすがに石川であった。

一日の勤務時間が終わると、ほとんど毎日、かれは横須賀線で東京に出た。まるで通勤しているような正確さで、神楽坂やそこらで参謀本部や陸軍省のいきのいい中堅将校たちと談論風発し、あるいは政党人や中堅官僚や財界人たちと交流をふかめた。海軍士官たちがおしなべて苦手とする人づきあい、会話、議論、説得にいよいよ磨きをかけ、周到に人脈をつちかい、終電車で横須賀に帰った。

「石川さんにかかると、なるほどそのとおりだと思われてくるのがふしぎだった。あとで考え直してみると、さっぱりわからない。どこでごまかされたかと考えてみても、わからない」

という人もあるほど。前にのべた陸大の、「白を黒といいくるめる」論法のたぐいだったのか。しかもかれの話しぶりには、聞く者に有無をいわせぬ一種の迫力さえあったという。

つまり海軍では、当代まれに見る政治的軍人。論理的頭脳を持つ努力家で、自己顕示欲の強いカリスマ性もあるロマンチスト。処世術にも秀で、いつも颯爽としていた。

この年代ころまでは、出身地や出身学校の先輩後輩の繋がりが強かったが、かれは山口の産。海軍強硬派の御大である野心家の末次信正大将や、松岡洋右外相と同郷で、また、海軍省の抵抗を押し切って軍令部の権限を拡大した高橋三吉大将、そしてこのあと軍務局長になる岡敬純少将とは、中学（攻玉舎）の先輩後輩に当たるという貴重な人脈を持っていた。

石川が頭角をあらわしたのは、昭和八年半ば、第二次ロンドン軍縮会議にのぞむ海軍の方針を検討しはじめたころであった。

そのとき軍令部第三課の軍備担当者であった石川中佐は、十月になって、「次期軍縮対策私見」を提出した。

まず「軍縮協定が成立する公算はない」と前提し、対策として、比率主義を捨て均勢を主張すること、主力艦と航空母艦を全廃することなど四点を挙げた。比率主義を捨てる理由は、「独立国家間の国防権は平等でなければならぬ」からで、これは兵術的信念にもとづくものだから、米英に理解させることも説明することも不可能だ、とした。

軍縮を決裂させたあと、建艦競争が起こって日本が圧倒される懸念については、近年日本の産業、文化の長足の進歩と、満蒙の経略によって、昔とは情況が大きく違っている。心配は要らない、と断じた。日本の国力を極度に高く評価したわけである。

そして無条約時代に入ったならば、その後十年間に、パナマ運河を通れぬ超大戦艦五隻、米甲巡を圧倒する巡洋戦艦四隻、それに潜水艦を重視する効率のよい軍備を充実すれば、航空隊を増勢したり、条約で制限をうけない艦船を建造したりして莫大な経費を使う必要はなくなる、とした。

次の軍縮会議にのぞむための妙案が得られず、困り切っていた海軍首脳は、この案にとびついた。立論の基礎となっている国力判断に大きな誤りがあり、科学技術の進歩が戦争の様相をどう変えるかの見通しに欠けていることなど、無視した。

第二次ロンドン会議予備交渉（昭和九年）に出席した日本代表の山本五十六中将も、第二次ロンドン会議本会議（昭和十年末）に出席した日本全権の永野修身大将も、この「破壊的」な対策を持たされていったが、まとまるはずはなかった。結局、日本は孤立し、自爆せざるをえなくなった。

軍縮会議脱退が日米戦争の原因の一つになると、そのとき、だれが考えたであろうか。

なお、この石川提案のあと一年たった昭和九年十月、軍令部は海軍省（艦政本部）に、四十六センチ主砲八門以上、速力三十ノット以上の、パナマ運河を通れない超大戦艦――「大和」「武蔵」「信濃」などの建造を要求した。

こう見てくると、日本海軍は、大筋として石川中佐の提案によって軍縮会議を脱退し、条約を廃棄し、無条約になったあとの軍備を整え、国防の重責を担おうとしたことになる。

日露戦争で、明治の日本海軍は、連合艦隊首席参謀秋山真之中佐に連合艦隊の作戦計画をすべて委せ、いわば秋山の不世出の頭脳に国運を賭けて幸いに大勝利を収めたが、昭和の日本海軍は、石川信吾中佐の私案を採り、秋山の成功にならい、かれの頭脳に国運を賭けたのであろうか。

のち、連合艦隊司令長官山本五十六は、

「海軍は石川を甘やかしすぎた。それが失敗だった」

と苦々しげに述懐した。そうだろうか。逆に海軍が石川に甘えたのではなかったか。

ともあれ石川は、昭和十年十月から約十ヵ月にわたり、南支、フィリピン、蘭印、マレー、ソ連を含むヨーロッパ各国とアメリカを視察して帰った。そしてさっそくに、

「帝国の当面する国際危局打開策私案」

と題する、これまた「私案」を提出した。そのうち、このあとのなりゆきにかかわってくる部分だけを摘記すると——

まず、基本認識として、

「日本は米、英、ソ、中、蘭印の包囲陣に包囲されている」

という。この、外国出張によって一層強められた強烈な認識を基礎にして、ABCDS包囲陣を打ち破らなければ日本の生きる道はない、と考えすすめる。打ち破る方法は、ドイツが兵備を充実させ、一九四〇年（昭和十五年）ころには「旧領土回復」の問題とからめて「実力をもって立ち上がる公算がきわめて大きい」ので、それを「第一の好機」として、「欧州政局の混乱に乗じ」行動に出るべきだとする。

そのため「わが国防力を速やかに充実し、これを背景とする政略的即時待機の姿勢をとりつつ第一の好機をとらえる。そして、和戦どちらでもさしつかえない構えをとりながら外交威力を発揮し、それによって局面を転回させ、当面の危局を脱する」ことがなににもまして重要である、という。また、「第三次海軍軍備補充計画（いわゆるマル三計画）によって海

軍国防力が一応充実整備するのが昭和十六年度であり、この充実によって、開戦の場合勝利が期待できる最小限度の兵力、いいかえればアメリカが日本に戦争をしかけてこられないだけの、いわゆる抑止力をもつ兵力を整えた後は、前記の第一の機会を手ぬかりなくとらえることが肝要である」とする。

つまり、このままその日暮らしを続けていると、日本はやがて窒息死する。ドイツが一九四〇年ごろに起ち上がる好機をとらえ、日本は南方に進出し、この包囲陣を叩き潰し、活路を開け、というのである。

国際問題をパワー・ゲームとして処理する方向は、このあと述べる松岡外交と同じ線上にあるが、それだけに偏るところに、時代離れのした危うさが見てとられる。

しかしこの石川「私案」、「私案」にとどまるかぎり無害であるが、それが海軍としての政策に混入してくると、重大である。陸軍のパワー・ポリティックスと合流し、ドイツと手を結び、仏印をうかがい、やがて南進を開始する機会を狙うことになる。

その石川が、一年たらず前（十四年十一月）、東京に戻ってきた。興亜院政務部第一課長である。

興亜院は、第一次近衛内閣のとき（十三年十二月）、内閣直属機関として発足した。目的は、対華政策の一元化。対華政策を陸軍が一手に握ってしまおうともくろんだもので、外交も一元化しようとしたが、外務省の猛反対にあい、しぶしぶそれだけは手放したといういきさつがあった。

政務部長は鈴木貞一（陸大29）陸軍少将。のち企画院総裁になる人物だが、この人が、石川によれば、打診してきた。

「海軍の三国同盟にたいする腹はどうなんだ」

興亜院の政務部長が、なぜそんなことを知る必要があるのか。ともかく石川は、

「大臣に会って、たしかめましょう」

と引き受けた。そして、「個人的」に吉田海相に会う。九月三日のことである。阿部軍務局長、住山次官に話を通した上でのことかどうかはわからない。

かれはそこで、「知っているかぎりの三国同盟問題にたいする諸方面の動き」を開陳したのち、力をこめた。

「もし海軍大臣の腹が三国同盟反対をきめておられるのなら、陸軍を向こうに回して大喧嘩をやらねばなりません」

もっとも辛いところを衝かれた吉田は、

「この際、陸軍と喧嘩をするのはつまらないよ」

と力がなかった。石川はたたみかける。

「それでは三国同盟に同意することになるのですか」

「しかし、対米戦争の準備がないからなあ」

石川は声をはげました。

「ここまでくれば、もはや理屈じゃなくて、何をとるかの決心の問題であります。大臣の腹ひとつと思います」

吉田は、

「困ったなあ」

と呟くと、そのまま頭をかかえて、テーブルにうつぶせになった。

石川は、

「その晩（九月三日）、吉田大臣は苦悩のあまり倒れて入院された」

と書いているが、吉田の伝記とつきあわせてみると、つじつまが合わない。もうすこし前の出来事であったろう。

しかも、石川の筆では、陸軍と「大喧嘩」をすることと三国同盟を結ぶこととの二者択一を石川が迫り、その選択に吉田が迷って入院したようにみられるが、事実はそうではない。

吉田は入院一週間前の八月二十七日、阿部軍務局長にいっている。

「陸軍の最近の動きは、まことに憂慮にたえない。南方問題ではシンガポール攻略を申し入れるし、国内問題でもまるで狂奔しているようだ。海軍としては、これにたいして国策の指導を誤らせないようにする必要がある」

吉田の伝記の筆者・実松大佐によると、そのころの吉田の胸中は、

「政府のやっていることは、まことに危なくてしようがない。この状態ですすむと、かならず戦争になるだろう。なんとしても、戦争は避けねばならぬ。だが、身体が思うように動か

ない。いても立ってもいられない」

というのであり、のちに及川海相や嶋田海相が「陸海軍大喧嘩」を気に病んだほどには吉田は問題にしていなかった。だがそれよりかれは、三国同盟を結ぶことによって、日本が対米英戦争に突入しなければならなくなるのを憂慮していた。対米英戦争は、かならず長期戦になる。日本の国力は長期戦に堪えられないことを見据えていた。

いうまでもないが、これらはみなその当時の「将来への見とおし」であり、それだけ、吉田や、米内三羽烏の正しい「先見の明」に目を瞠《みは》らなければならないが、問題は、そのころは石川たち南進論者、主戦論者のほうが勇ましく、景気も羽振りもよく、吉田たちの「正論」はいかにもじじむさく、臆病ったらしく聞こえたことである。呰となるには、勇気も要るが、体力も要るものだ。

しかも、このころには、ドイツからリッベントロップ外相の左腕とか一の子分とかいわれた辣腕のスターマーが、公使ということで来日していた。米内内閣の崩壊を待ちかまえていたようなタイミングだった。

陸軍は、とびついた。

またしても三国同盟フィーバーである。

第一次のとき同様に、海軍だけが孤立した。

ちょうど、そのころであった。

八月二十七日、近衛内閣は蘭印に特派使節を派遣することを閣議決定した。海軍の考えている平和的、経済的な南方進出の方針にそう、重大使命を帯びた特派使節であったが、その外交交渉方針の内容は、だれが作ったのか、常識を外れていた。

「蘭印はヨーロッパとのつながりを絶ち、大東亜共栄圏の一員となって、インドネシア人に完全自治権を与えよ。日本と蘭印との間に防衛協定を結べ。日本人の企業、通商航海についての特権を認め、日本の必要とする物資の対日輸出に便宜を与えよ……」

そして、特派使節には、松岡外相の推す小磯国昭（陸大22）陸軍大将を当てることに内定した。

小磯は、使節を引き受ける条件として、陸軍二個師団と軍艦を用意してもらいたいという。小磯は軍艦に乗ってバタビアに押し渡る。陸軍二個師団はスマトラに揚げ、そこで待機させる。この実力をバックに交渉をすすめ、蘭印がいうことをきかないときには実力を行使して保障占領する。その間、いちいち中央の指示を待っていては間に合わないから、前もって独断専行できるように訓令をうけておきたいと主張し、梃子でも動かなかった。

さすがの東條陸相も呆《あき》れて、

「ずいぶん非常識なことをいいますね」

と吉田に耳打ちしたほどだ。

おかしいのは近衛首相である。そのあと吉田に電話をかけてきて、

「師団はともかく、軍艦を出してもらえまいか」

というではないか。吉田は即座に断わった。断わりはしたものの、背筋の寒くなるものが残った。首相ともあろうものが、そんな目的に軍艦を使おうと考えていいものか。軍艦は国土の延長であり、それでもし強引に他国の領土に侵入すれば、それだけで戦争をしかけたことになるのを知らないのであろうか。

ともかく、条件を拒絶された小磯は引き受けを渋りはじめ、蘭印からもアグレマンを出さぬという意向が伝えられ、この話は立ち消えになった。

入れ替わりに商工大臣小林一三を、商工大臣のまま使節として派遣することにした。

訓令案を閣議にかけたとき、また一悶着が起こった。外務省に関係各省の担当者が集まって作ったというものを、松岡外相が説明したが、「蘭印が大東亜共栄圏の一員であるにもかかわらず、日本にたいして要求に応じないのはまことに不都合千万で、断じて黙過することができない」とか、そのほかそれに類する言い分をならべたてた、とんでもない内容のものであった。

吉田は呆気にとられた。

「平和使節として出す特使ではないか。乱暴すぎる。大国日本の品位を落とすもので、常識外れもはなはだしい」

松岡が抗弁する。

「しかしこれは、各省の担当者が合意して作製したものだ。海軍省の係官も加わっている」

「そんなことは問題じゃない。国として派遣する特使に、この訓令にしたがって交渉せよというかどうかの問題だ」

松岡はこの訓令案に賛成らしく、なかなか後へ退かなかったが、吉田も頑張った。外交は所掌外だといっても、これではまとまるものもまとまらない。蘭印の油がもっとも欲しいのは海軍である。

とうとう松岡が折れて、訓令を出さぬことにしたらどうだといいだした。かれ自身が国連に使いしたときも訓令なしだったという。

それでは、というので、訓令案は採択しないことにした。

吉田にしてみれば、海軍部内に目が離せないだけでなく、政府にも目が離せなくなった。細かく気を配っていないと、政府も何をやりだすかわかったものではなかった。

九月四日、吉田は病院で辞表を書いた。吉田の推薦によって、急遽横須賀鎮守府から及川古志郎大将が大臣として着任したのは、翌九月五日であった。

第四章　及川古志郎

及川古志郎大将が海相として着任した翌日（九月六日）、中国で作戦中の日本軍警備部隊が、誤って国境を越え、北部仏印に踏みこんだ。そしてフランス軍守備隊長の警告を受けると、誤りを認め、すぐに引き返した。

これより前、仏印の現地には、西原一策（陸大34恩賜）陸軍少将を長とする陸海合同の交渉機関があった。仏印当局も、これを日本政府の責任機関と認めていた。西原機関は、友好的な、ねばり強い折衝をつづけ、いやがる相手をなだめながら、このところようやく日本軍の仏印平和進駐への合意が成立するまでに漕ぎつけた。

そんなときの偶発事件であった。

仏印当局は、それを重大な協定違反だとした。そして、現地交渉を打ち切ると通告してきた。交渉は、こうしてしばらくの間、東京とヴィシー政府との外交交渉に移されるが、仏印当局が、仏印にいる英米支各国外交機関の牽制に引きずられたせいでもあった。

このへんの機微は、実は、日本がかれらの暗号を解読し、すっかり腹中を読むことができていたから見透せたのである。

ついでにのべておく。

このあと日本は、外交暗号をアメリカに解読され、ルーズベルト大統領やハル国務長官に赤ん坊をあやすように扱われる。だが、日本も暗号解読に努めなかったわけではない。前記、仏印外交暗号のほかにも、中国軍暗号は解読していた。むろんアメリカの暗号もアタックしたが、解読陣が手薄だったのか、どうしても破ることができなかった。

九月十四日、大本営は色を失った。

北部仏印進駐の大命がいただけなかった。天皇のお許しが出ないのである。

天皇は、陸軍のすることに強い不信感を持っておられた。満州事変以来、陸軍現地部隊が天皇の意に反して騒乱を拡大してきたことを、深刻にうけとめられ、北部仏印進駐の大命を発せられた場合、またしても陸軍は武力を行使しようとするのではないかと危惧された結果であった。

木戸内大臣のとりなしで、結局は大命を発せられたが、そのとき、過早な発砲を禁ずるとの条件を、とくにつけられた。

中央——統帥部（参謀本部・軍令部）と政府（陸海軍省、外務省）は、フランス政府と交渉し、武力を使わない、いわゆる平和進駐をきめた。だがそのなかで、参謀本部第一部はこれに承服しなかった。あくまで武力進駐によらねばならぬと考えていた。

大命を奉じ、参謀本部第一部長冨永恭次（陸大35）少将が、作戦指導のために現地に到着した。かれは、参謀総長の職権を行使する権限を与えられていたが、到着すると、たちまち豹変した。天皇の御意思は中央にいて十分に心得ているはずなのに、主戦論を唱える南支那方面軍に作戦準備を急がせる一方、越権と行きすぎ指導によって中央の反対する居留民の引き揚げを強行し、仏印当局にタイムリミットを設けた過大要求をつきつけ、武力進駐にむけての情況を強引につくっていった。

仏印進駐部隊は、南支那方面軍（作戦部隊・第五師団・中村明人少将・陸大34恩賜）と、印度支那派遣軍（西村兵団・西村琢磨少将・陸大32）の二つから編成され、第五師団は中国雲南省から陸路、西村兵団は南支の欽州湾から海路をとって平和進駐をする計画であった。

その陸路進駐部隊が、北の国境を越えると、さっそく戦闘をはじめた。思いのほか仏印軍が頑張るので、戦闘が激化した。

一方、海路進駐部隊は、予定どおり欽州湾を出発。どういうわけか陸海軍協定を無視し、海軍の護衛は受けないというので、やむなく護衛部隊は遠くに離れ、いわゆる間接護衛の隊形をとった。途中、陸路部隊正面の戦闘激化の電報が入ると、西村兵団長は急に武力進駐をやるといい出した。護衛部隊は直接護衛をしてくれ、上陸地点を艦砲射撃してくれ、飛行機で爆撃してくれと要求してきた。

おどろいた護衛部隊司令官は、上級部隊の第二遣支艦隊司令部といっしょに、西村兵団や南支方面軍に働きかけ、なんとかして武力進駐をやめさせようとした。

現地協定で、すでに平和進駐でいくことにきめてある。当然その線でゆくべきで、海路進駐は国境付近の戦闘が終わったのを見てからにすべきだ、と説得したが、応じなかった。

腹にすえかねた二遣支司令部では、もし武力進駐中止を協議して西村兵団が応じなければ、仏印作戦の協定にもとるから協力できないと伝えて引き揚げてこい、と護衛部隊に命じた。

他方、陸軍側では、南支方面軍司令部が西村兵団長の決心を支持してゴーサインを出した。

妙なことになった。陸海軍の作戦指導が、二つに割れた。

そのとき、護衛部隊司令官に、大命電が入った。

「進駐は友好的に実施するものとす」

とあった。

司令部では、すぐにこの大命電を示し、強行上陸を思いとどまるよう西村兵団の説得にかかった。しかし兵団では、

「陸軍の命令系統によって中止命令がこなければ、強行上陸を中止するわけにいかない」

ととりあわなかった。

あとでわかったことだが、大命電は南支方面軍司令部にも同じように入電していた。しかし方面軍参謀副長佐藤賢了(陸大37)大佐がそれを握り潰し、方面軍司令官にも参謀長にも見せなかったのだ。

「上陸中止を二回もくりかえした西村兵団に、この時機、またも中止を命ずることは、軍隊

統率上威信を欠き、部隊を混乱させて不慮の災を招かないともかぎらない。だから独断で握り潰した」

と、佐藤大佐は説明した。

その説明を聞いた海軍は二の句がつげなかったというが、それは後の話である。

二十六日未明、西村兵団は上陸を開始した。

護衛部隊は、上陸用舟艇が発進するのを見とどけると、護衛任務を中止し、海南島の基地に引き揚げた。

前代未聞の珍事であった。

海軍も怒ったが、陸軍も怒った。

南支方面軍参謀長の名で打ってきた電報には、トゲがあった。

「……軍ガ全責任ヲ負ヒテ決行セル機宜ノ行動ハ、日清戦争ノマサニ始マラントスルトキ断乎高陞号《こうしょう》ヲ撃沈シタル当時ノ東郷（平八郎）大佐ノ先例モアルコトニテ、ソノ結果ヲ見テ判定セラルベキモノト考フ」

トゲといったのは、一つは東郷大佐の先例を引き合いに出されたことである。

そのとき巡洋艦「浪速」艦長であった東郷大佐は、イギリス船高陞号が清《しん》国兵千百名、大砲十四門のほかに武器を積んで牙山《がざん》に輸送中であることを確認、戦時禁制品を積んで敵の港にゆく船だから、戦時国際法によって拿捕《だほ》しようとした。ところが、清兵の指揮官が承知しない。理をつくして四回勧告をくりかえし、それでも命令にしたがわないので、警告を発し

たのち撃沈した。それを知ったイギリスの世論が怒りに沸騰したとき、イギリスの国際法の泰斗ホーランド博士が、

「東郷艦長の処置はまさしく国際法にかなったもので、すこしも手段を誤っていない」

と評したため、一夜にして世論が讃嘆に変わったというエピソードである。

この東郷大佐の行動が、大命も中央の方針も協定も無視してしゃにむに武力進駐に突き進んだ西村兵団の行動となぜおなじレベルで扱われ、なぜ先例とされねばならぬのか。しかもさらに、なぜ「行動はその結果を見て判定せらるべきもの」なのか。結果よければすべてよし、ということなのか。

このような陸軍の考えかたに、どうしても海軍は同意できなかった。

上海で情況を注視していた支那方面艦隊参謀長井上成美中将は憤激した。不公正を絶対に許せないかれ持ち前の潔癖さと歯に衣《きぬ》きせぬ率直さで、軍令部作戦部長と海軍省軍務局長にあてて電報を打った。海軍のものの見かたを明確にしたものとして、記録しておく意義がある。

「仏印交渉の経過をみると、現地交渉がまとまりかけるか、交渉が成立した後でも、陸軍部隊は一部で勝手な行動をとり、友好関係を破壊に導いたありさまである。

あるいは現地陸軍部隊に一部計画的に謀略を実行に移している不逞《ふてい》の分子があって、ある目的に向かって策動しているのではないか。もし万一このような一部無謀分子の謀略のために全面的武力行使となり、海軍までもその一役を買わされるようになれば、日本の存亡のた

めに戦う使命をもつ皇軍の乱用となるもので、時局重大のとき、帝国海軍軍隊として忍ぶことができない。

支那方面艦隊（現地の最高責任者）としても、対支作戦に死力をつくしているこの際、このような戦闘に部下兵力をさらすようなことは実に忍びがたく、不逞分子が火をつけた作戦への協力など無意味だと考えている。

よってこの際、大本営におかれても、十分に陸軍と連絡をとられ、このような無名の戦争を惹き起こさせないよう、この上とも御努力いただきたい。

一時の陸海軍間の摩擦を避けるため国の大事を誤り、支那事変処理をうやむやに葬られることがないよう、とくに御配慮をわずらわしたい」

爆弾申し入れであった。

いつもなら、陸軍の暴走をとかく「泣く子と地頭には勝てぬ」といったふうに見て見ぬふりしがちだった海軍中央も、満州事変以来の陸軍の正体を見とどけたように怒りだした。井上爆弾につき動かされた部分もあったが、陸軍にたいして十二ヵ条の詰問状をつきつけた。

そして、これまた珍しいことだったが、陸海軍合同査問会議を開いた。

「陸軍は一言の申し開きもできないはずだ。この機をとらえて陸軍に反省させたい。そうしないと、日本がどっちに引っ張っていかれるかわからない」

多分に意気込んで海軍当事者は会議に出席した。だが、相手はメッケル流の「白を黒といいくるめる議論達者」のうちでも優秀な成績をおさめて中央要路にすわっている人たちであ

る。海軍の詰問に一応は遺憾の意を表してみせたものの、

「海上でまったく無力な輸送船団を仏印海軍と砲台の前にさらしたまま護衛艦隊が引き揚げるということは、日本武士道からみて海軍はどう考えられるか」

と情にからめてつめよられると、

「護衛部隊が引き揚げても、その場合、いつでも応じられる用意は密《ひそ》かに整えていた」

と申し開いたが、なんとなく声が小さくならざるをえなかった。

結局、会議はうやむやに終わった。

西原機関長が、進駐さわぎの目途が一応ついた二十六日、打ってきた電報は、しかし、そのあたりの消息をもっとも短く、もっとも強くあらわしていた。

宛、陸海軍次官、次長。

「統帥乱レテ信ヲ中外ニ失フ……」

アメリカは、すぐに反応した。

九月十八日、平和的手段以外で仏印に圧迫を加えることは認めないとグルー駐日大使に抗議させたあと、二十三日にあらためて声明。二十五日には中国に二千五百万ドルの借款を与え、二十六日、ちょうど日独伊三国同盟調印の前日にあたるが、屑鉄と鋼鉄の対日輸出を禁じた。

たてつづけの膺懲的強硬措置であった。

近衛文麿公に組閣の大命が降下したとき、まず荻窪の私邸に陸海外の三相候補者を集め、意見の調整をしたことは前にのべた。

そのとき近衛が三相候補者に示した案は、松岡洋右の書いたものといわれるが、骨子を拾うとこうあった。

「戦時経済政策を強化確立する」

「経済活動は政府が一元的に指導する」

「速やかに東亜新秩序を建設するため日独伊枢軸の強化を図る」

「ソ連と日満蒙間国境不可侵条約を結ぶ」

「東亜と隣接島嶼《とうしょ》の英、仏、オランダ、ポルトガル植民地を東亜新秩序の中に含ませるための積極的処理をする」

「アメリカとは無用の衝突は避けるが、東亜新秩序の建設に関するかぎり、かれの実力干渉をも排除する」

「支那事変処理では作戦の徹底と援蔣勢力の遮断に重点をおく」

「全国民を結合しうべき機能をもつ新政治組織を結成する」

いいかえれば、世界政策として、まず三国同盟締結、日ソ不可侵条約の締結、蘭印交渉、仏印進駐、アメリカの干渉排除、大政翼賛会の創設、国家総動員法の発動を挙げ、このあと開戦までのシナリオを、第二次近衛内閣成立の当初にすっかり書きあげたものであった。

松岡を外務大臣にすえた近衛公の人を見る目のなさが、日本を誤らせたことは事実だが、それ以上に、近衛公自身、松岡と同腹だったことを示しているのではないか。

のち、日米開戦の報をたずさえ、病床の松岡のもとに急いだ斎藤良衛（松岡の外相時代の外交顧問）に、松岡は目に涙をためて語ったという。

「日独伊三国同盟の締結は、僕一生の不覚だったといまさらながら痛感する。僕の外交が世界平和の樹立を目標としたことは、君も知っているとおりだが、世間から僕は侵略の片棒かつぎのように誤解されている。僕の不徳のいたすところだが、まことに遺憾だ。ことに三国同盟は、それでアメリカの参戦を防止し、世界戦争が起こるのを予防し、世界平和を回復し、国家を泰山の安きにおこうとしたものだが、事ことごとく志と違い、こんどのような不祥事件の遠因と考えられるにいたった。それを思うと、死んでも死にきれない」

と嗚咽《おえつ》した。

「事ことごとく志と違った」

とかれはいう。だが、それればかりが原因ではなかろう。冷静で、客観的、科学的な国力（戦力）の分析を怠り、いわば蜃気楼《しんきろう》を現実のものと誤って、それを判断の基礎とした結果であった。

象徴的な話がある。

このころ――十五年八月から九月にかけ、日本にとって最大の問題は、ドイツがいつ、どのようにしてイギリスに進攻し、屈伏させるか、ということであった。

海軍は、さすがに制海権に着目して、ドイツは制海権をもっていず、飛行機では大部隊の輸送ができないから、上陸進攻は不可能だろうと考えた。

陸軍は、あんな狭い海峡は問題でない。無数の上陸用舟艇を並べてひた押しに押せば、あすにでもイギリスは降伏するような口ぶりであった。ドイツ政府や軍の高官たちの言明を、受け売りして、

「ドイツの高官がいうことだから、間違いはない。ドイツが友邦日本にうそをいうはずはない」

と信じていたのであろう。

ヨーロッパのような狭いところで、たがいに国境を接しながら生きてゆくには、よほどしたたかでなければならないだろう。それを、東海の離れ小島に住む日本人に見抜けといっても無理だろうが、日本人の人の好さは、ここでもヒトラーに、第二のどんでん返しを食うのである。

日独伊三国同盟締結へ

三国同盟強化問題は、そのような空気のなかで、あわただしく取り運ばれた。祭礼の神輿《みこし》かつぎと考えるのが、雰囲気の異様さをもっとも近く伝えるだろう。

近衛は、組閣を前に、興亜院政務部長の鈴木貞一にいっている。

「平沼、阿部、米内三内閣の政情不安の根本原因は三国同盟問題であった。これを推進するのは陸軍であり、陸軍の主張を容れなければ政情は安定しない。いきおい三国同盟の方向を

認めざるをえないだろう。それが政治家としての常識的感覚である」

つまり、近衛首相のめざすところも、国運の興隆を考えるよりも陸軍に同調して三国同盟を締結し、安定内閣をつくることであった。米内内閣と百八十度の方向転換である。

及川海相が九月五日に着任し、翌六日、四相会議にはじめて出席したのは、このような雰囲気のなかであった。

「独伊ソ三国の勢力と結び、それをバックとして新政策をとろうとする点は、いちおうわかる。しかし日独伊三国同盟を結べば、対英米戦争を誘発するおそれがあるから、慎重の上にも慎重に考慮しなければならない。ことに、締約国が戦争に入ったら日本は自動的に参戦しなければならぬという義務を負うのは絶対反対である」

及川は、そのような腹案で会議にのぞんだ。温厚で、口下手で、ボソボソとしかものがいえない東北人の及川には、雄弁家の松岡や東條を論駁したり、主張をかれらに徹底させることは、容易ではなかった。しかも、就任翌日のことで、それまでの知識や経験の蓄積もなく、といって前任者はノイローゼになって入院中で十分な事務引き継ぎもできず、かれらの意図する三国同盟の本質について十分に検討する余裕もなかった。

かれは、その日の四相会議に提案された「軍事同盟交渉ニ関スル方針案」にたいして、原則的に、同意する、と答えた。

「原則的に」などという、慎重を期した意味合いの留保は、しかし、松岡たちには通用しなかった。かれは、四相会議で了解を得たとして、すぐにスターマー公使との会談に入った。

スターマーの持ってきた条約案で、問題点である軍事同盟の項は、こうなっていた。

「日本、ドイツおよびイタリアは、前述の趣旨にもとづける努力につき相互に協力しかつ協議すること、ならびに右三国のうち一国が現在のヨーロッパ戦争または日支紛争に参入しおらざる一国によりて攻撃せられたる場合には、あらゆる政治的、経済的および軍事的方法により相互に援助すべきことを約す」

つまり、現実問題としてヨーロッパでドイツがアメリカと戦争をはじめると、日本は条約によって自動的にアメリカと戦争しなければならないことになるのである。

新任の豊田貞次郎（海大17首席、海兵33首席）海軍次官についてはは前にものべたが、松岡外相とも個人的に親しかった。かれは松岡外相から回してきたスターマー条約案を、自動参戦拒否の観点から三ヵ所ばかり修正すると、それを持って松岡私邸に出向き、密談した。

松岡は、自動参戦の問題を条約の本文から外すと条約そのものが弱くなると難色を示し、条約本文のほかに新しく付属議定書と交換公文をつくり、そのなかで参戦は各国政府の自主的判断によるという趣旨の規定をおくようにしたい、と妥協を求めた。また、日ソ間の関係改善も引き受けた。ドイツからも、オネスト・ブローカーとして、日ソ間の斡旋《あっせん》をしようと申し出があった、ともいった。松岡外相に手もなく言いくるめられたのである。

それまで、

「海軍としては研究したいから」

といって慎重に回答を保留してきた及川だったが、

「そういうことになれば、これまで海軍が反対してきた理由はすべてなくなった」と、はじめて胸をひらいた。

——現にイギリスと戦っているドイツと同盟すれば、イギリスを支援しているアメリカと敵対することになる。なぜそれを思わなかったのだろうか。

三国同盟締結の最大のネックであった海軍が、このようにして賛成にまわったから、あとはフルスピードで調印にこぎつけた。最初に松岡—スターマー会談をしてからベルリンで調印(九月二十七日)するまで、二十日たらずであった。

井上成美はそのころ支那方面艦隊参謀長から航空本部長に転じ、上海から霞ヶ関に引っ越してくる前後だったが、この三国同盟問題について前にのべた特別座談会でこういっている。

「(平沼内閣のときに揉みに揉んだ三国同盟の)主目的は、防共協定の延長としてソ連を目標とし、副次的には、当時日本が国際的に孤立していたので、なんとかして味方を得たいということもあったようだ。当時アメリカの世論調査では、一番嫌いな国はドイツということだった。日本がドイツと同盟すれば、したがって日米国交の悪化が予想される。同盟によるプラスとマイナスとを秤にかけ、日本の不利にならぬようにしなければならぬと海軍は考えていた。

陸軍のいつわらぬところは、満州はとったがソ連がこわい。海軍は、支那事変をめぐって日米関係の破裂は時日の問題で、どうしてもこれに備えねばならぬというのが本心だった。

国軍の本質は、国の存立を擁護するところにある。他の国の戦いに馳せ参ずるようなことは、その本質に反する。第一次大戦のとき日本が参戦したのは邪道である。

海軍が同盟に反対した主な理由は、この国軍の本質という基本観念からで、これがいわゆる自動参戦の問題になる。たとえ締盟国が他から攻撃された場合でも、自動的に参戦するのは絶対に不賛成。この点は最後まで堅く守って譲らなかった。

なお同盟反対の理由として、ドイツの国力判断もあった。ドイツは世界の強国ではない。イタリアは三等国である。しかもドイツとイタリアは、これまでにいくたびか外交上の不信行為をくりかえしてきた。

陸軍は支那事変で手を焼き、とうとうドイツを味方にして、なんとかみっともなくないようにけりをつけたいと考えたようだ。

最初の同盟がつぶれた直後、米内大臣が御内奏のため参内したとき、『海軍のおかげで国が救われた』との（天皇の）御言葉があったと平田昇侍従武官から聞いたことがある」

またその席で、及川が第二次三国同盟問題について、反対理由がなくなったことを述懐した。豊田（次官）も、当時陸海軍の対立が極度に激化し、陸軍は（二・二六事件のような）クーデターを起こす可能性があり、ひいては国内動乱の勃発が憂慮されていたこと——なんといっても陸海軍は車の両輪である、大元帥陛下股《こ》肱《こう》の皇軍としてそんな事態は極力避けねばならぬと考えたというのにたいし、井上は、先輩を前にしてははなはだ失礼ながら、あえて一言しますと断わって、力をこめた。

「過去をふりかえると、海軍が陸軍に追随したときの政策は、ことごとく失敗している。二

・二六事件を起こす陸軍と仲よくするのは、強盗と手を握るようなものだ。同盟締結にしても、もうすこししっかりしてもらいたかった。陸軍が脱線するかぎり、国を救うものは海軍より他にない。内閣なんか何回倒してもよいではないか。

閣議というものは、海相であっても農相や外相の所掌に関しても堂々と意見を述べてさしつかえない。閣僚の連帯責任とは、そういうものだ。意見が合わねば内閣が倒れる。国務大臣はそれができる。海軍は政治力がないというが、軍部大臣の現役大・中将制という伝家の宝刀がある。海相が身を引けば内閣は成立しない。この宝刀は乱用を慎しまねばならぬが、国家の一大事にあたっては断乎として活用しなければならない。私は三国同盟に反対しつづけたが、この宝刀があるから安心していた。永野元帥も宝刀を抜くべきときに抜かれなかった。仏印進駐のときだ。

軍令部は政治に関係がないようだが、三国同盟のように、最後には戦争に関係してくる条件については、軍令部が引き受けなければ大臣はなんともできない」

これにたいしては、同席していた法律家の榎本重治書記官から、

「法理論からいっても井上大将お説のとおりである。近衛公手記に、政治のことは海相は心配しないでもよい、とあるのは、近衛公の誤解である」

と裏づけられた。

それはともかく、

「自動参戦条項が外れたから、反対する理由がなくなった」

という及川海相の判断が、問題であった。なるほど字句の上ではそのとおりに違いないが、井上成美のいう「ドイツ、イタリアと手を握る」ことの是非、プラスとマイナスについての慎重な採点、それが日米関係に与える影響はどうか、といった同盟そのものにたいする評価──海軍としてどうしても譲ることのできないそのような核心はどこへ消えたのだろうか。

天皇の御心配を押しきって三国同盟に調印した結果は、いよいよ日本が、ルーズベルトやアメリカ国民の嫌悪するナチスやファシストと手を結び、アメリカやイギリスに敵対する明らかな意志表示をした──とかれらに受けとられることになった。

これ以後、アメリカははっきりと日本を敵に回した政策をとりはじめる。日本がなにかすると、アメリカが敵意をみせてすぐにカウンターパンチを打ってくる。それを見て日本がつぎの手を打つ。たちまちアメリカが打ち返す。そんな危険なシーソーゲームの行きつく先は、いうまでもなく戦争である。

約五ヵ月前（十五年五月一日）、ヒトラーはいわゆる電撃戦によって、わずか一ヵ月半の間にヨーロッパを席捲し、フランスを征服、イギリスと対峙した。

「イギリスがやられたらアメリカが危ない」

ルーズベルトは、参戦したことにならないギリギリの瀬戸際まで踏みこみ、全力をあげてイギリス支援に乗り出した。そこへ、降伏したフランス艦隊をドイツが手に入れようとしているという情報が伝えられて、狼狽した。アメリカ艦隊はあらかた太平洋に回し、日本を牽制するためにハワイに常駐させている。かれは一時、ドイツの米本土攻撃に備え、イギリス向けの軍需資材の発送をやめ、国内防衛に使おうとした。だがこれは、イギリス海軍がフランスの基地を急襲し、まさかと思うフランス艦隊を情容赦もなく撃沈、撃破して動けなくしたことで情況が一変した。ドイツといい、イギリスといい、ヨーロッパの国はすごい。生き残るためには、どんな非情なことでもしなければならない、といわぬばかりの行動であった。

イギリスの危機は、九月末までには回避できる目途がたった。ロールスロイスのエンジンを積んだ新鋭戦闘機スピットファイアが、イギリス本土空襲に来るドイツ空軍機を、ちょうど太平洋戦争初期の零戦の場合のように、いつも優位をたもちながら撃墜破し、撃退した。ドイツ空軍のイギリス空襲は、数では優っていたものの目に見えて効果があがらなくなっていった。しかもドーバーを渡る上陸作戦は、すでに挫折していた。

イギリスを直接撃つ有効な手段を失うと、ヒトラーはソ連を討つ決心をした。幕僚に八ヵ月後の独ソ開戦を予告し、準備を急がせた。ドイツにとって、アメリカを欧州戦線に参戦させないことが、これ以上ないほどの重要さをもつ局面になった。

そんなとき、ドイツの勝利に夢を托して、日本が三国同盟を結んだのである。

松岡外相は、このころ、これにソ連を加えた四国の「力」を背景として対米外交をすすめ、アメリカの脅威を断とうともくろんでいた。スターマーが、日ソ国交調整のオネスト・ブローカーになろうと申し出たのを信じた。悲劇的な情況判断の誤りだった。

暗号解読さる

このころの話である。日本の外交に致命傷を与える事態が起こった。

昭和十五年九月二十五日、アメリカ陸軍通信隊情報部のフリードマンが、日本外交暗号——九七式欧文印字機を使ったきわめて機密程度の高い暗号の解読に成功した。それも本格的な、正確な解読に成功したのである。

それ以後、アメリカ政府首脳は、かれらが「マジック」と呼ぶ解読により、日本の指導者が外交的に何をしようとしているか、何を考えているか、日本政府首脳と出先外交機関の長がどんな交信をしているか、それを、暗号電報を解読した範囲でという条件こそつくが、手にとるように知ることになった。しかも、日本はそのことをまったく知らず、終戦までおなじ暗号を使って交信していたのだから、事態は深刻であった。

いいかえれば、この日からあとの対外関係は、ほとんどがアメリカ政府に筒抜けとなり、ルーズベルト政権は、まず日本の腹のなかを正確に知って、それにたいする対応手段を適時適所に打ってくるようになったのである。

もう一つの問題は、イギリスがアメリカを欧州戦に引きこもうと躍起になっていたことである。駐米イギリス大使を通じたり、ないしはチャーチル首相からルーズベルト大統領にあてた親書を送ったりして、百方手をつくした。

「アメリカ艦隊は、いつでもシンガポールを使ってください」

とも申し出た。英米海軍の参謀の段階では、もう現実に、作戦協力について話をすすめていた。

十一月、ルーズベルトは、圧倒的多数で大統領三選を果たした。これまでかれがとってきた「参戦にいたらない範囲内でイギリスを全力支援する」政策が、国民大多数の支持をうけたわけであった。

たしかにアメリカ政府の対日政策は、その後、漸進的ながら的確な布石を打ち、日本の締めつけを強め、基礎産業に大きな打撃を与える。ただ、石油だけには手をふれなかった。石油の輸出を止めると、すぐにも日本軍が蘭印に殺到することを読み、それだけはふれずに残してあった。まさに膺懲的、政治的禁輪の貌が歴然としていた。

致命傷を与えないようにしながら、日本が「不法」行為をするたびに「懲罰」を加え、それをエスカレートさせていけば、日本も「怯《おび》え」て「悔い改め」てくるだろう。日本が強い態度をとるのは、あれは虚勢にすぎない、と読んでいた。甘さをみせると、日本はつけあってくる、というのが、わけてもハル国務長官の対日観であった。

このような姿勢と態度は、そのころの日本人には逆効果を生んだ。

「不遜なる米国が、また日本を挑発してきた」

と受けとり、反米感情がさらに燃え上がった。

一方、松岡外相の対米観は、輪をかけて極端だった。

かれはアメリカ西部のオレゴン州で、十三歳のころから苦学しながらの青年時代を送った。カリフォルニア州の北隣にあるオレゴン州には、当時（十九世紀の終わりころから二十世紀のはじめにかけて)、東洋人移民が多く、人種差別による排斥運動がしばしば起こった。

そんな渦中に生活して、かれは独特の対米観を得た。

「アメリカ人に対するときは、どんなに相手が強そうに見えても、こちらに理があれば譲ってはならない。なぐられたらなぐり返さねばならない。一度でも威圧に屈したとみられたら、二度と頭をあげることはできなくなる」

個人的経験は貴重だが、どうしても時と場所と人が限られてくる。アメリカは広い。西部と東部では、また北部と南部では、気質が違う。一つの地域の事情で全体を推すのは危険だが、松岡はみごとにその「軽率な概括《ヘイスティ・ジエネラリゼイション》」をやってしまった。

「毅然たる態度をとらねばならぬ」

とは松岡外相の口ぐせだった。かれはそのために三国同盟を結んだ。さらにソ連を加えた四国の力でアメリカと対抗し、これによって大東亜共栄圏から英米勢力を駆逐して日本の主導権を打ち樹《た》て、そのころ形成されていたアメリカによる米州ブロック、形成されようとするドイツによる欧州、アフリカ・ブロック、ソ連によるソ連・中近東ブロックに対してアジア・ブロックをつくろうと考えた。

気宇はまことに壮大であった。しかし、アメリカについて判断を誤ったのとおなじように、イギリスを過小評価し、ドイツを過大評価し、日本についてさえも国力と軍事力を過大評価した。過大評価というよりは、日本の国力と軍事力の実体をあまりにも知らなすぎた。そのため、かれの壮大な(はずの)構想が、実はまるでお伽話《とぎばなし》のなかの空中楼閣のようになり、それもやがてはじまる独ソ戦で、一瞬にして吹きとんだ。

松岡は、天皇が大丈夫かと心配されるのを押しきって近衛が外相に据えた人物である。のち吉田海相が、

「松岡は頭がおかしい」

と評したのは極端すぎるとしても、この、日本の死活をきめる超重大時期の外務大臣としては、洞察力と客観性とバランス感覚に欠けた人であったといえるだろう。松岡とハルという二人の一徹者同士の対決は、この時の流れのなかでは、エスカレートして戦争に突入せざるをえなかったのだから。


昭和十五年のクリスマスも終わった二十九日、ルーズベルト大統領は、ラジオの「炉辺談話」で、重大な声明をした。

三選を果たした自信を踏まえ、

「アメリカの将来の安全は、イギリスの存亡にかかっている。アメリカとしては、いま、あらゆる手段をつくしてイギリスを助ける方が、何もせずに見ているより、はるかに戦争に巻きこまれるおそれが少なくなる」

と説き、いまでは有名な言葉になった、

「アメリカは民主主義国家の兵器廠《しょう》とならねばならぬ」

と訴えた。ただこの演説では、アメリカの力をヨーロッパに集中しようとするとき、こと

さら太平洋で波風を立てたくないというのか、日本については一言もふれなかった。

いま、それを「重大な声明」というのは、中立国であるはずのアメリカが、戦争中、交戦国の一方のために兵器廠になる決意をしたことである。国際法に照らせば、すでに中立国ではありえないわけで、いいかえれば、アメリカは正式な参戦こそしないが、すでに中立の立場を捨て、戦争に事実上参加した、そのことである。

その約一ヵ月前（十一月下旬）、海軍は、山本連合艦隊長官の主催する図上演習を行なった。

山本の狙いは、啓蒙にあった。

三国同盟締結にいたる過程で、陸軍や政府若手官僚と気脈を通じた、親独派といわれる中堅海軍士官――このころ航空本部長になって上海から帰ってきた井上成美中将によると、「中堅」といっても、「局長、部長クラスもあやしい」と見ていた――それが時流に乗って走ったあげく、いまになってアメリカの締めつけ禁輸に遭い、困ったり怒ったりしている。

そこへ、たまたまドイツの電撃戦でヨーロッパ情勢が急変した。それを見て、いまこそ南方作戦に打って出て、シンガポールと蘭印を占領し、入手できなくなった原料資材や石油を押さえるべきだといい立てている。その連中に、南方作戦は具体的にどんな様相になるのか、図上演習でわからせよう、とすることにあった。

その結果、南方作戦の容易でないことが目の前に浮かび出して、参会者の胆を冷やさせた。

山本はその直後、伏見軍令部総長宮に結論と所見を報告した。

「アメリカの戦備が大きく遅れたり、イギリスの対独戦がよほど不利になったりしないかぎり、蘭印作戦をはじめると、早いうちに日米開戦必至となり、イギリスも敵に加わり、結局、蘭印作戦中途で対蘭、米、英数ヵ国戦争となる公算がきわめて大きい。すくなくともその覚悟と、十分な戦備を整えたのちでなければ、南方作戦をはじめてはならない。

そのような情況を覚悟した上、それでもなお開戦しなければならないとすれば、むしろ最初から対米作戦を決意し、まずフィリピンを攻略、それによって作戦線を短くし、より確実な作戦ができるようにしたほうがよい。

蘭印作戦の目的は、その資源を獲得するにある。平和的手段でこれを解決できないのは、米英がこれをバックアップしているからである。米英がもし戦わないとわかれば、蘭印は日本の要求を受け入れるはずである。蘭印作戦をはじめねばならぬ情況に入るということは、すなわち、対米英蘭数ヵ国作戦となって当然なわけである」

「南方作戦は中国作戦などと違い、国運を賭しての戦争で、また長期戦になるから、まず大義名分をとくに明らかにすること（長期にわたって国論の統一、戦線の士気を保ちつづけるには、正義の戦いでなければならぬ）、第二に作戦目的と作戦手段をわかりやすいものにすること（開戦後に政治的かけひきをしなければならないようでは、大作戦はできない）、第三に協同する陸軍部隊は精兵であり、陸海軍中央協定は明確で、疑いをいれる余地がまったくないようにすること（そうでないと、作戦に重大な食い違いを生ずるだろう）」

以上は山本報告の総論だけの抜粋だが、総長も「まったく同感」の意を示し、ことに大義

名分のくだりについては、

「ぜひとも明確にすべきで、満州事変や日華事変のような不十分なことではいけない」と発言したという。

要するに、この図上演習は、「バスに乗り遅れるな」と足を宙に浮かせていた人たちに、はじめて事の重大さを覚らせた点で、大きな警鐘を鳴らしたことになり、また、軍備にもよほど努力を重ねなければ南方作戦などできるものではないと教えたことにもなった。

考え合わせてみると、ルーズベルト大統領が、炉辺談話で「民主主義国家の兵器廠になる」ことを語って事実上の戦争介入を表明したころ、日本では、

「もし南方作戦に手をつけたら、たいへんなことになるぞ」

だからやめろ、と山本が警告していた——まだ参戦どころか、戦争への準備も気構えもできていなかったのである。

日米交渉

昭和十六年一月に入ると、事態の進行は急にあわただしくなり、同時に緊迫の度を加えてきた。この年の十二月八日には戦争に突入することになるので、結果論だが、もう余す時間はそれほど多くない。緊迫は当然ともいえるが、それにしてもなんと急激に雲あしが速くなったことだろうか。

駐米大使野村吉三郎海軍大将が、ワシントンにむけ東京をたったのは、一月二十三日であ

った。

野村大将とルーズベルト大統領が、ハーバード大学の同窓で親交があり、ワシントンにも友人が多いことを見込んだ松岡外相の人事だった。だが、松岡が頼みにゆくと野村は断わった。

「独伊との同盟を強化しようとする政府方針のもとで、日米親善をはかろうとするのは、二兎を追うもので、きわめてむずかしい」

野村の意見は、もっともだった。といって、このまま進めば確実に日米戦争になる。それを心配した海軍は、大先輩の野村大将に希望をかけ、懸命に懇請した。

「どうも松岡外相のような、ものを表面的にだけ見て、ほとんど信頼できないような人がかれこれいったところで、自分はそれに乗るわけにもいかない」

と、それでも渋っていたが、とうとう、

「大事な海軍をいたずらに犠牲にしたくない」

と思い直して引き受けた。

しかし、アメリカは野村大使を歓迎した。ルーズベルトも旧友を迎える心遣いをしめした。そして、かれのワシントン到着とともに、「マジック」でアメリカに筒抜けになる日米会談が開戦直前までつづくが、野村のいうとおり、「二兎を追う外交」は、結局、実を結ばせることができずに終わるのである。

ルーズベルト大統領は、それより前の一月十六日、太平洋方面の戦略にたいする一般命令を発した。

かれはすでに、陸海軍統合会議を大統領が指揮掌握することに制度を改め、参謀総長にマーシャル大将、作戦部長にスターク提督を任命し、参戦への準備を整えた（この態勢が、日本では終戦までとれなかった）。そしてこの一般命令にもとづき、対日作戦計画である「レインボー五号計画」の検討と起案がはじまり、十分の時間をかけ、三月二十七日までには完成して参謀総長の決裁をうけ、その後、さらに陸海軍長官の承認をうけて本極まりとなった。

その一般命令の要点。

「日本とドイツが同時にアメリカを攻撃してくる可能性は、現在のところ二十パーセントだが、いつかは百パーセントになるだろう。これに対する戦略構想としてはレインボー計画があるが、事態が起こってレインボー計画を発動しても、準備にあと数ヵ月かかるというのでは現実に適合しない。現有兵力で即時に行動を起こす必要がある。この現実的手段でももっとも重要なのは、対日政策と対英武器援助の問題である。アメリカ自身のために補充すべき兵器、装備を整えるには八ヵ月のリードタイムがあることを念頭におくべきである。というのは、イギリスは少なくとも向こう六ヵ月はもちこたえうるし、そのあと枢軸国が西半球に出てくるにはさらに二ヵ月の準備期間が必要だからだ。

太平洋では守勢的態度をとり、ハワイに艦隊基地をおく。フィリピンにいる米艦隊は強化しない。米アジア艦隊司令長官には、フィリピン基地にいつまで踏みとどまるか、いつ後方基地ないしシンガポールに後退するかを専決する権限を与える。海軍は、日本都市の爆撃を行なう可能性を考慮せよ。

……要するに、対英武器援助に全努力を傾けること。これによってアメリカを参戦させようとするドイツの企図を阻止し、イギリスを支援する」

現実問題として大統領が対日戦争を考え、国務・陸軍・海軍の三長官と参謀総長・作戦部長を集めて戦略方針を指令したのが、十六年一月だったことは、意味が深い。日本が、野村大使をアメリカに送って、これから対米交渉に入ろうとしていたその一月、かれらは、はるかに先行して、対日作戦計画の基本となる戦略方針を、大統領みずから指令し、しかも、日本の都市爆撃の研究を命じ、計画立案をスタートさせていたのである。

では日本は、どんな戦争準備をしていたのか。高本惣吉少将はいう。

「大本営で陸海軍が揉みに揉んだすえ、『帝国国策遂行要領』を作って対米英支蘭（ABCD）同時作戦を辞せず、と一致したのが十六年九月二日、御前会議で決定したのが九月六日。十月下旬を目標に戦備を整えるというものの極力外交交渉につとめる方針であった。十一月五日の御前会議で対米交渉甲案、乙案を作ったが、それも、日米了解を試みる最後の努力であった。米英支蘭四ヵ国と開戦をきめたのは十二月一日の御前会議であったが、それも、十一月二十六日にいわゆるハル・ノートをつきつけられたからであった。

ハル・ノートを受信した十一月二十七日に連絡会議が開かれ、十二月一日の御前会議開催をきめたのだから、日米の戦争決意と戦備のスタートとをくらべると、日本は実に十ヵ月も遅れていた。とくに海軍は、八月末までは、陸軍が『対米（英・蘭）戦争ヲ決意シ』と起案してきたのを、『戦争ヲ辞セザル決意ノ下ニ』と修正して内容の意味を緩和しようとしたくらいで、まだ開戦を決意するまでにいたっていなかった。

水深十二メートルの真珠湾内でも無事に走る浅沈度魚雷を実際に発射訓練したのは、鹿児島湾で九月から十月にかけてであった。四十センチ主砲砲弾を爆弾に改装する作業も、そのころから手がけ、十一月末、南雲機動部隊がエトロフ島のヒトカップ湾を出港するまでにようやく間にあった事実からみても、日本の対米判断がどんなに希望的で、戦備がどんなにドロ縄式であったか、弁解の余地のないほど明らかである。裏返しに直言すれば、海軍は戦争をしたくなかったのである」

戦争をしたくない、ということと、戦争を避けることができる、という判断とが、どうしてこうも混同されてしまったのか。

——三国同盟を強調しながら日米親善を図ろうとするのは、二兎を追うのとおなじだ、と野村大使がアメリカに出発する前に語った基本認識を、海軍が持っていなかったからである。

豊田貞次郎次官は、いった。

「三国同盟には反対しないが、日米戦争は極力避けるのが海軍の一貫した方針だった」

伏見宮も、軍令部総長として三国同盟締結に賛成するとき、希望事項として申し入れた。

「本同盟締結せらるるも、なしうるかぎり日米開戦はこれを回避するよう万全を期すること」

つまり、海軍は、海軍省、軍令部ともに判断を誤り、三国同盟を結んでも日米戦争は避けられるものと考えていたのである。

松岡外相は、さらに楽観的であった。いや、大気焔をあげていた。

「近ごろの外相は外交事務に没頭して、外交政策を忘れている。自分は、国家の政略を指導する外交らしい外交をやってみせる」

そして、その外交の基調を、

「力による平和維持」

「国際間の働きを巧みに利用する外交」

「戦争にもっていかずに日本の国策を遂行する外交」

いわゆるパワー・ポリティックスに置いた。

松岡と近かった石川信吾は、松岡の外交戦略を、こう説明した。

「三国同盟の力を背景として日ソ中立条約を結び、日独ソ伊の連鎖をもって英米との力の均衡を打ち立て、これによって、支那事変を無意義なものにしないようにしながら日米間の妥結を図り、余勢を駆って欧州戦局の収拾に乗り出そうとした」

松岡は、近衛首相にむかい、

「いまどき八方美人的外交などあるはずはない。アメリカの主張に屈して支那事変以前に立ち返るのでないかぎり、日米関係の将来は、衝突という事態に立ちいたることは免れないと思う。外交の方針は、この線にそって立てられなければならないと思う」

と進言した。

かれは、強烈な感情人間であった。

「軍部が外交にまで干渉するのはけしからん」

と、すぐに顔色を変えた。外交はかれの独壇場であるべきだとの強い信念をもち、それが昂じてスタンドプレーをしようとする傾向もあらわれた。

八年前――昭和八年二月二十四日――満州事変のしめくくりとしての満州国建国を非難する国際連盟総会に、日本代表として出席。日本軍の満鉄付属地からの撤退と中国の満州統治権承認の報告案が四十二対一の大差で可決されると、松岡は一席の「さよなら演説」をこころみ、胸を張って退場した。世紀のスタンドプレーといってよかった。

これで日本は、国際社会での孤児になった。拙劣というか、無謀というか。のちその孤独感が日独伊防共協定から三国同盟に日本を走らせる下地になるが、かれが帰国すると、世間はまるで凱旋将軍を迎えたような熱狂的拍手喝采を浴びせた。おかしな話だ。

自信満々の松岡外相が野村大使に与えた訓令は、要するに大使はかれのロボット・スピーカーの役を果たすべきで、日米戦争を回避するために努力することなど無用である。「八紘一宇」「大東亜共栄圏」思想を、ひたすらアメリカの朝野に伝達し、説得せよというものであった。

これは、野村大使が、東京を発つ前、伏見軍令部総長宮や近衛首相に会って説明し、同意をうけたかれの所信と、悲劇的に違っていた。

戦後の話だが、東郷文彦駐米大使がいう。

「外交交渉といっても、特別なことがあるわけではない。一般のビジネス交渉とおなじである。双方が、まず主張する。そこで話をどれぐらい嚙み合わせるかが、ポイントだ。ただ言うだけで、スレ違いに終わるのでは意味がない。

相手を攻めつつ、どう話を嚙み合わせるかが問題で、こちらにチャンとした理屈があれば、話を嚙み合わせて相手をこちらに引き出すことができる」

松岡外相が野村大使に与えた訓令は、外交の常識にも「嚙み合って」いなかったのだ。

日蘭交渉

松岡一流の外交理念と行動に引き回されて、もうひとつの外交交渉が難渋した。

十五年十二月二十八日にバタビアに着いた芳沢使節団は、第一次蘭印交渉（小林特使）をうけて政庁との交渉をはじめた。

あまりにも広範な要望を提案したため、政庁当局の引きのばし作戦にまんまとひっかかることになったが、それよりも、現地の事情が予想をはるかに越えて日本に不利になっていたことが、交渉をいっそうむずかしくした。

ヨーロッパでドイツ軍がオランダに侵入した結果、オランダ人は反独感情を強くした。その反面、イギリスに亡命したオランダ政府とオランダ人が、イギリスによってきわめて鄭重に遇せられていることを見て、イギリスに深く感謝し、この大戦をイギリス、したがってアメリカとともに戦い抜こうとする意欲が盛り上がっていた。そのドイツと手を結んだ日本に、蘭印政庁が心を開くわけはなかった。それ以上に、日本はオランダ人の性格を見損なっていた。

オランダ人は、干渉や圧迫に強く反撥するいわゆるインデペンデントな民族性をもっている。それを、さすがにイギリスは考慮に入れてオランダ人を遇していたが、松岡外相はそんなことには無頓着だった。蘭印は当然大東亜共栄圏に入るべきだとか、共栄圏内の民族は日本の指導に協力すべきだとか議会で演説し、外務次官もまた亡命オランダ政府を無視（誤報ではあったが）するような言明をしたりして、蘭印側を無用に刺戟し、反撥させ、交渉をさらに困難にした。

平和的交渉で蘭印から物資を入手しようとするのであれば、それなりの配慮と支援を日本からも送らねばならぬのに、松岡はテイク・アンド・テイク主義で、逆に打ちこわしてきた。使節団はどうしようもなかった。

アメリカの締めつけも強かった。アメリカが日本に懲罰的禁輸をしている片方で、蘭印がその代替物資を日本に売ったのでは、計算した懲罰が無意味になる。日本は、飢餓状態におちなければ、目が覚めないと考えていた。

日蘭会商の打ち切りを声明しなければならなくなったのは、六月十七日であった。事態は、急転直下した。なんとか日米戦争を避けたいとして、それまでは、

「日華事変を戦いながら日米戦争をはじめるなどという陸軍の考えは、まるで狂気の沙汰だ」

と憤慨していた海軍も、石油が蘭印から手に入らないことがわかった以上、じっとしていられなくなった。前にのべた図上演習では、

「石油が輸出禁止になったら、すくなくとも四、五ヵ月以内に蘭印を押さえなければ、海軍は戦えなくなる」

と結論されていた。

航空本部長の席について、いろいろと情況を研究し、現状を調べた井上成美中将は、かれの鋭い洞察力によって、戦艦の時代はもう去っており、戦争方式も変わってきたことを確認した。

「これは、大へんなことになった」

そう痛感していた矢先、一月になって、軍令部から次期軍備計画（いわゆるマル五計画。第三次ビンソン案に対抗するもの。国力ぎりぎりの計画で、完遂できるかどうかは微妙であった）案の説明をうけた。艦艇六十五万トン、飛行機千三百二十機をつくるという。

おどろいた井上は、会議の席で一石を投じた。石というより爆弾であった。

「これは、明治の頭で昭和の軍備を行なおうとするもので、なんの新味も特徴もない。ただ量的にアメリカと競争しようとする愚案である」

そして、爆弾を投げただけでは無責任だろうと、年来考えてきた「新軍備計画論」を自身

で書きあげ、直属上官である及川海相に提出した。一月三十日であった。要旨——。

「一、日米戦争で日本がアメリカに敗れないようにすることは、軍備の整え方しだいで可能だが、日本がアメリカを屈服させることはできない。

潜水艦と飛行機が発達したため、海上国防に大革命をもたらし、旧い時代の海戦の思想だけではきめられなくなっている。

日米戦争では、どんな形の戦いになるか。

(一)、アメリカは潜水艦を飛行機と協同させて、日本の物資封鎖を図るだろう。海軍の海上交通確保戦は主要な作戦となるだろう。

(二)、日本は本土直接防衛のため、多数の潜水艦と飛行機を配置する。飛行機と潜水艦の活躍で、米主力艦は西太平洋に来攻できず、いわゆる艦隊決戦のようなものは米艦隊長官がよほど無知無謀でないかぎり起こらないだろう。

日米戦争の主作戦は基地攻略戦であり、この成敗には国運がかかる重要なものとなる。その重要さは、昔の主力艦隊の決戦に匹敵する。

(三)、制海権は、潜水艦のあるかぎり、昔のように絶対のものではなくなる。

(四)、日米戦は持久戦となり、彼我ともに新しい打つ手がなく、平凡な経過をたどるだろう。

(五)、速戦即決は、実現の可能性がない。速戦即決のための艦隊決戦兵力ばかりを整備しようとして焦っていると、戦争になってその弱点を衝かれ、敗れる危険がある。

二、海軍軍備の整備に必要な要件は、つぎのとおり。

㈠、日本の生存上、戦争遂行上必要な海上補給路を確保するための兵力を整備する。

㈡、前線基地と作戦部隊への補給線を確保するための兵力を整備する。

㈢、敵艦隊を西太平洋に侵入させないための戦略的防御兵力(飛行機、潜水艦など)を整備する。

㈣、以上のためには、優勢な航空兵力で制空権を確保し、多数の潜水艦、船団護衛用軽水上艦艇および相当有力な機動部隊を準備すればよい。

㈤、米水上艦艇と海上補給線破壊のための遠距離行動用潜水艦を整備する。

㈥、敵基地攻略用兵力を整備する。これは、旧時代の艦隊決戦に代わる主作戦であるから、はじめからこの目的のために設計建造したものを整備すること」


要するに、優勢な飛行機、潜水艦、護衛艦、機動水上部隊を整備する必要があり、なかでも飛行機と潜水艦は絶対必要で、それを十分に持てば、ほかの兵種は減らしてもよい、という。

あとから考えると、太平洋戦争の様相をほとんど誤りなくイメージした、ものすごく的確な見積もりであった。だが、軍令部は、それまで艦隊決戦一本槍できた兵術思想とあまりにもかけ離れているという理由で握り潰した。そればかりか、約半年後には、第四艦隊という内南洋を警備する部隊の長官に井上を祭り上げ、ていよく中央から敬遠してしまうのである。

この井上の「新軍備計画論」とは別のところで、連合艦隊長官山本五十六大将は、苦悩していた。

約一年半前、平沼内閣が総辞職したとき、海軍次官から海上に転出したが、日米開戦の可能性がしだいに濃くなるにつれ、もしそんな事態になったとき、どんな戦いかたをすれば必ず勝つことができるか、その必勝戦法をつかむ上での決心が容易につかなかった。

連合艦隊には、「戦策」という、艦隊戦闘マニュアルがあり、艦隊戦闘の方策を細かく規定していた。しかしここまで航空が発達し、強力となった以上、敵味方の主力部隊が砲戦距離（二十ないし三十キロ）に接近しうる以前に航空部隊（攻撃距離二百ないし三百キロ）によってくりかえし攻撃をうけ、大損害をこうむって「戦策」に描かれたシナリオどおりの艦隊決戦（主砲砲撃や魚雷戦）は、現実に起こりえなくなるだろうと見た。

この点、山本の認識は前記の井上のそれと一致していた。といってかれらが、その点で意見交換をした記録はない。三国同盟締結を、いわゆる三羽烏が徹底反対したときも、井上によると一度も三人の間で意見調整はしなかったそうだ。ものごとを客観的に総合的科学的に見ることさえできれば、おなじ答えが出てくる、ということだろう。

そのとき（十五年六月）、たまたま大飛行機隊による対戦艦部隊雷撃訓練で見事な成果が上がり、

「これでは戦艦も浮いておれんな」

と戦艦乗りを嘆かせる事態が起こった。

航空主兵論者の山本が、これを見て喜んだのはもちろんだが、かれはこれで「飛行機でハ

ワイをたたく」ヒントを得た。

この時点から南雲部隊による開戦劈頭《へきとう》の真珠湾空襲にいたるいきさつについては、他にものべられているので省略する。

十六年一月から三月にかけてのころは、日米関係はピリピリするほどに緊張していた。

「戦争をしかけてくるのではないか」

とは、まだ日米ともに判断していなかったが、ハル国務長官が、はじめて日本を名指して議会で非難し、それをうけた松岡外相もまた議会で反駁して、空気が急に悪くなったのが感じられた。

ハル国務長官の演説は、満州事変から説き起こした、大上段に構えたもので、「新秩序」といっても、それは日本一国の支配、日本一国の経済的利益を計ろうとするものだと、ま正面からの攻撃だった。

松岡外相は、一月二十六日の衆議院予算総会で、反論をこころみた。

このころ、かれの構想を実現するため、ソ連とドイツの訪問を準備中だった松岡の口調は、したがっていっそう対決的であり、自信に満ちていた。

「ハル国務長官のいうところは、考えも間違っているが、言葉も乱暴きわまる」

とまずこきおろし、

「満州事変は、かれのいうように文明破壊の第一歩ではない。アングロサクソンが東亜の現状維持を許ろうとすることへの反撃である……大東亜共栄圏、新秩序の建設は、八紘一宇の理想にもとづくもので、アメリカがこれを理解できないからといって、放棄するわけにいかない……アメリカの国防の第一線は、どうやら中国を含めたアジア全体と西太平洋の南洋諸島にあるようだ」

演壇で大見得を切る松岡外相に、反米親独に傾いていた世論が大喝采したのは、いうまでもなかった。ハルは、これを聞いてよほど怒ったのか、翌日、闘志をむきだしにした声明を発表した。その雰囲気はもう外交の場のそれではなかった。

アメリカからの対日輸出禁止品目は、着実にふやされていた。石油は、依然、アメリカの戦争準備ができるまで触れずにあったが、そのほかは、一枚一枚と玉葱の皮をむくようにして、はいでいった。

このころ、イギリス側から「極東危機」説が流され、異様な切迫感が極東方面に走った。たしかに、いつ、なにが起こってもおかしくなかった。

というのは、十五年秋ごろ、タイが仏印に向かって失地回復を要求し、それがエスカレートして両国軍の戦闘にまで発展。南方作戦のための足がかりとなる軍事基地がなくて焦っていた日本陸軍が、すぐこれにとびついて居中調停をはかり、適当に工作して日タイ軍事同盟を結ぼうともくろんだ。軍事同盟を結べば、タイの基地を使えるようになる、という計算である。

仏印は、なかなか条件をのまなかった。業を煮やした陸軍は、武力による仏印威圧に乗り出そうとした。南部仏印進駐を狙う考えが、それとともに頭をもたげた。

及川海相は、いつものとおり慎重論で、英米との戦争に引きこまれる可能性が考えられることには強く反対した。だが、ここでも対案となる政策をもっていなかったから、迫力を欠いた。結局、南支警備を担当する第二遣支艦隊と連合艦隊から、重巡戦隊（四隻）と一個水雷戦隊を派出して作戦行動に備えた。

「シンガポール危うし」

と見たイギリスが、もう、なりふり構わずアメリカ太平洋艦隊のシンガポール回航を訴えた。すでにドイツ軍による英本土進攻の危機は去っていたが、イギリスは海軍を大西洋から引き抜くわけにいかなかった。シンガポールは虎の前に置かれた羊とおなじである。

それでもアメリカは、シンガポールに艦隊を回さなかった。オーストラリア、ニュージーランドに巡洋艦部隊を派遣するにとどめ、英蘭軍事代表とともにシンガポールに集まり、三国が対日戦に突入すべき限界を申し合わせた。いわゆるＡＢＣＤ包囲陣を、軍事の面でつくったのである。

第一委員会

話はすこし戻る。十五年十二月十二日、海軍中央に「海軍国防政策委員会」、略称を「政策委員会」という井上成美がのちに「百害あって一利なし」ときめつけた機関ができた。委員長は軍務局長（岡敬純〔海大21恩賜〕少将）、委員に軍務局、兵備局、軍令部の課長以上を充て、「三国同盟条約によって転換された国策にもとづく海軍国防政策を活発に遂行するため、常務機関の事務連絡および相互支援に資するための中枢機関」

と性格づけた。第一委員会から第四委員会まであり、分担業務が定められていたが、そのうち、戦争指導の方針などを分担したのが第一委員会であった。

第一委員会の委員は、軍務局一課長（高田利種〔海大28首席・海兵46首席〕大佐）、同第二課長（石川信吾大佐）、軍令部第一（作戦）課長（富岡定俊〔海大27首席〕大佐）、同第一（作戦）部甲部員（戦争指導担当・大野竹二〔海大26〕大佐）の四人で、主な業務として「国力進展の実行具体策、国防政策の案画、部内各部との連絡、陸軍・興亜院などとの連絡指導」を担当する。もっとも、この政策委員会は、独立した執行権はもたない。正規の委員会として立っているものではなかった。

そしてここで、あの第二次ロンドン軍縮会議を爆破した石川信吾大佐が、檜舞台《ひのき》に主役として登場するのである。

かれが、興亜院政務一課長になって東京に戻ってきたあと、吉田海相が病気で倒れる前日、大臣室に海相を訪ね、

「ここまでくれば理屈じゃなくて、（三国同盟を結ぶか陸軍と喧嘩するか）何をとるかの決心の問題であります。大臣の腹ひとつと思います」

と声を励まし、吉田を困らせたことは、前にのべた。

その後まもなく、吉田海相の辞任問題がおこり、富田内閣書記官長から、近衛首相の内意であるとして、及川大将は海軍大臣としてどうか、と石川に聞いてきた。

内閣書記官長が、そんな機微を石川大佐に電話で聞くのもおかしな話だが、ピンと来た石川は、すぐに横須賀鎮守府長官の及川大将に電話を入れた。石川の人となりを浮かび上がらせる話である。

「明日、近衛総理に呼ばれるようですが、問題は三国同盟をどうするかということにあるので、それについての海軍の腹をきめた上でないと、大臣をお引き受けになってもまずいことになると思います。近衛総理にお会いになる前に、二十分で結構ですから、私の知っているかぎりのことをお話ししておいた方がよいと思います」

及川はおどろいた。

「それでは、明朝東京に着いたら電話するから、海軍省に来てくれ」

そうはいったものの、かれは石川に電話せずに近衛首相に会いにいった。

そういえば、新設された軍務局第二課――国防政策を策定する事務当局（常設機関）となるこの軍務二課の課長、課員にだれを持ってくるか、それを決める人事は、特別に重要であった。

政策委員会を置くことを発案した高田軍務一課長によると、

「軍務二課が政策関係を担当することになれば、当時の情勢から、二課だけでなく全海軍を挙げて陸軍と対抗する事務体制を整備しなければならぬと考えた。そして作ったのが、政策委員会だった」

つまり、陸軍が新政策を矢継ぎ早に打ち出し、それで政治を引っぱり、国を思う方向にもっていこうとする。海軍は、たとえば三国同盟のときのように、独伊と同盟すれば英米との戦争になるといって反対しても、ではどうやって当時の四面楚歌の窮境を脱するか、という方策を持たなかったため、最後には外壕を埋められ、手足をもがれて反対の口実を失ってしまった。

どうしても、陸軍に対抗できる政策を持たねばならない。米艦隊を迎え撃ち、艦隊決戦で勝つのが海軍の仕事であり、政治にかかわるのは仕事ではない、と考えているだけでは、その間に日本がどっちに行ってしまうかわからない、という認識である。

遅すぎた認識であった。そうだとすれば、満州事変以前から注意ぶかいチェックとコントロールが必要であった。が、いまとなっては、陸軍が八方破れの姿で南進、開戦を主張しつづけるのを、どうして食いとめ、どう事態を収拾するかを考えねばならなかった。

人事局は、その二課長に矢牧章（海大28）大佐を充てようとした。しかし矢牧は、

「陸軍関係に知人もないし、自信もないから」

と断わり、興亜院政務一課長の石川大佐を推した。

人事局担当課長（一課長）島本久五郎（海大28）大佐（山本五十六中将が連合艦隊長官に出たとき、人事局は先任参謀に島本大佐を用意したが、山本はアイデアマンの黒島亀人〈海大26〉大佐をとった。それでもわかるように、島本は堅実中正なアメリカ通だった）は、

「石川大佐は、ときどき軌道を外れた行動をする。石川の性格からみて、二課長のような重要配置におくのは危険だ」

と考えた。ところが、軍務局長岡敬純少将から人事局長伊藤整一（海大21首席）少将に、ぜひ石川をよこしてくれと強い要望が入った。それを聞いた島本課長は、局長に反対を具申、その旨、岡局長に回答したが、重ねて強い要望がきた。

「人事局長は石川を嫌っているようだが、自分なら使ってみせる。石川は陸軍のたくさんの者を知っているし、情報もとれる」

そういわれると、島本も折れざるをえなかった。

すでにのべたように、岡と石川は、同郷（山口県出身）で、同じ中学（東京・目黒の攻玉舎）の先輩後輩にあたるが、二人は揃って親独派で、熱心な南進論者であった。しかも、二人ともアメリカを体験していなかった。

こうして日本のもっとも重要なときに、もっとも影響力の強い重要ポストに、アメリカを知らぬ同郷、同窓の先輩後輩がついて対米戦の是非を考えることになったのである。

軍務局二課長となった石川大佐は、部下の英米担当課員柴勝男（海大32）中佐に、

「戦争必至の大局観をもって戦争決意をおこない、対策を立てよ」

と、まだ十六年六月ころの話ながら命じた。そのように、強気――戦争を決意してどんどん南に出ていけという考え方であった。

「海軍の事務当局のなかで、開戦の原動力となったのは石川二課長だった」

そのころの関係者が、口を揃えてハッキリいうほどの急進派だ。

前にものべたが、石川は、海軍ではほかにだれもいないくらいの政治軍人であり、議論達者であった。陸軍の政治軍人たちと対等に話し合うことのできるほとんど唯一の海軍軍人という稀少価値を買われ、及川海相や豊田次官から重宝がられた。

したがって、第一委員会の中心的存在は、海軍省側は政策担当の石川二課長、軍令部側は富岡作戦課長であり、陸軍との連絡にもこの二人が主としてあたった。

石川の口の利き方は、

「よし。おれが海軍を引き受ける」

というふうな、自信満々なものだった。かれのまわりには政治家、軍人のほか、大蔵省、外務省をはじめ各省の官僚、財界人など多彩な人物が取り巻いていた。

とにかく、海軍の中で「ただ一人の政治的実力者を自認し、巨大な陸軍の政治力に立ち向かおうとする石川の姿勢は、颯爽たるものがあった」とおなじ軍務二課にいた中山定義（海大36）中佐は回想している。

第一委員会は、高田一課長が、

「この委員会が発足したのちの海軍の政策は、ほとんどこの委員会によって動いたとみてよい。海軍省内でも、重要な書類が回ってくると、上司からこの書類は第一委員会をパスしたものかどうかを聞かれ、パスしたものは、相当重視されていた」

というほど、政策を立てる面で重要な役割を果たした。たとえば永野総長は、第一委員会

の結論を、

「みんな課長級がよく勉強しているから、おれは文句がないよ」

といってハンコを押したと伝えられる。だが、高木惣吉調査課長は、

「世上ややもすれば第一委員会が海軍の首脳部をふりまわしたかのごとく伝えているが、岡軍務局長は、ふにおちない書類や意見には、けっして盲判を押す人ではなかった」

と、それがしっかりした統制下にあったことを証言している。

もっとも、井上成美は逆の意見であった。

「第一、責任の所在が分散して、思わぬ方向に結論が進んでしまうことがある。明快な判断力を持ち、部下を強力に指導できる委員長があれば不安はないが、この委員会のように、対等の主張ができる者どもの寄り合いは危険である。ことに、軍令部に海軍省と対等の立場で国策の立案に参与させるのは法規違反だ。軍令部には、いくさをやったら勝てるか、という点についてだけ所見を求めれば足りるのだ」

と評価し、さらに、

「あれは大佐が海軍を引っぱっているようなものだ。大佐は大佐の頭だけしかないんですよ」

といい切った。実際に第一委員会が首脳部に重宝されたことからみると、案外、首脳部は、「大佐の頭」で政策を考えればそれでよろしい、と考えていたのに違いない。

ちなみに井上は、委員長の岡をこう見ていた。

「岡は政治家気どりで陸軍にかぶれ、日本は東洋の盟主だなどとふりまわし、世界経済の中心は東京だ、などといっていた。そして欧州戦争がはじまってドイツの旗色がよくなると、バスに乗り遅れてはいけないなどと色気を出し、ついには太平洋戦争に突入させてしまった。まことに、変なバスに乗ったものである」

とわらい、高木惣吉と違った見方をしていたのがおもしろい。

山本長官が、

「海軍中央部課長以下のところにては、この時流に乗り、いまが南方作戦のしどきなりと豪語するやからもあり」

と嶋田繁太郎中将（支那方面艦隊長官）に手紙を書いたのは、中原義正、石川信吾両大佐あたりが強硬論をふりまくのを見聞きして腹にすえかねたためである。

イギリスが、火のついたように「極東危機」を叫びたてていたころ、山本連合艦隊、嶋田支那方面艦隊の二人の長官から、申し合わせたように、及川海相に懸念を申し入れてきた。二月半ばから末にかけてのことだ。

「仏印に武力を使うと、英米の動きからみて、事態は意外に早く急転直下する心配がある。仏印、蘭印などに武力進出するのは危険だ」

という意のものだった。

及川は、すぐに、武力行使を考えていないと回答した。

しかし、この問題で、またもや陸海軍の間に不信感が燃え上がった。——陸軍が武力使用を主張してやまないのにたいして、海軍は、南方に武力を使えば対米開戦になる、米海軍が極東に進出して、日本の国防が危うくなったとき以外は武力を使わない、という。その海軍の「非戦主義」に、陸軍が憤慨したのだ。

しまいには陸軍は、海軍は対米戦をやる決意はない。口先だけで対米戦を唱え、予算をとって自分の軍備をしているだけのことだ、といい出した。

「戦争をしないための軍備」という概念は、陸軍には通用しないのである。困ったいいがかりであった。アメリカでは、ルーズベルト大統領が、武器貸与法に署名を終わり（三月十一日）、防衛に必要ないっさいの武器を、さしあたりイギリスに、ただで貸そうといっているというのに。

満州事変以来の陸軍の逸走を止めることができなかった海軍の失態——天皇の軍隊は、作戦だけを考えていればよい。「戦え」と大命をいただいたら、そのときこそ、生命を国に捧げて戦い、最後の一兵になるまで戦いぬいて国を護ればよい、と心に決めてひたすら訓練に熱中してきた、それがここで問われようとは思いもよらぬことであった。

日ソ中立条約締結

松岡外相が、三国同盟にソ連を加え、その力を背景としてアメリカと交渉し、日本の主張を呑ませようと考えていたことについては、すでにのべた。

その外交戦略のシナリオは、まずドイツに行ってヒトラー、リッベントロップと会い、対英作戦の真相を聞き、ソ連と国交を調整し、四月いっぱいに中国と全面和平をはかり、それから南へ打って出る。この四ヵ国の力をフルに活用して、舞台を整え、一気に南進し、同時にアメリカとも話し合う——それがかれの狙いであった。

十六年三月中旬、松岡外相は東京を発ち、ヨーロッパに向かった。このころドイツは、イギリス上陸作戦の目途が立たず、一方、ソ連への不信が強く、独ソ戦（バルバロッサ作戦）準備を、十五年末の発令以来ひそかに進めていたが、日本に向かってはそんなことはおくびにも出さず、

「早くシンガポールを攻略してくれ」

とさかんに催促していた。

そのようなドイツの実情は、東京にはわかっていなかった。いや、大島駐独大使の電報を時間を追って、客観的に読めば判断できるはずであったが（現に天皇は、そのとおりにして判断され、憂慮しておられた）。

松岡は、モスクワ経由ベルリンに着き、ヒトラー、リッベントロップと会談を重ねた。だがこの二人とも、ここでも自国につごうの悪いことは言わなかったし、これからの、たとえば独ソ開戦などの意図については一言もふれなかった。そして、日本の対ソ攻撃を暗に要請し、対英戦参戦という意味でのシンガポール攻撃を強く期待した。

松岡はさらにベルリンからローマへゆき、ローマからモスクワに戻った。こうしてみずか

ら現地の実情をとらえたつもりでいながら、その実、ドイツの対英進攻は不可能であるとか、独ソ間が一触即発の状態にあるという情報は、ふしぎなくらい摑んでいなかった。

モスクワでの会談は、知友であったスタインハート駐ソ米大使とのものを除き、三回にわたった。松岡も懸命に努めたが、クレムリンの壁は厚かった。

「これだけやったが、どうにもならなかった。これからスターリンに会って、日本に引き返し、その足でアメリカに渡って交渉する」

四月十二日朝、松岡は陸海軍武官を集め、肩を落としてそれだけ話すと、スターリンに挨拶にいった。

スターリンは、別れの挨拶をする松岡にストップをかけた。そして、モロトフ首相兼外相に目くばせして、書類を持ってこさせた。

見ると、それには松岡が提示し、ソ連が応諾しなかった不可侵条約を中立条約に仕立て直し、不可侵条約の意味も含ませて、いわば日ソ双方の面子を立てた条約案が書かれていた。

松岡は夢かと喜んだ。それ以上に、翌日の調印式でみせたスターリンの喜色満面の顔の方が、もっと印象的であった。駐ソ大使館付武官山口捨次大佐によると、いつも不機嫌な顔しかみせないスターリンが、大上機嫌で、先に立ってこまごまと気を配った。シャンパングラスをテーブルに自分で運ぶやら、自分で片づけるやら、自分でボーイに命じてナイフ、フォークを持ってこさせるやら、自分でみんなの椅子を直すやらしたという。

「突然のことで何もありませんが、やってください。……私はあなたがたと同じ東方人です。

英米に気を許したことはありません」

と、駐在武官たちにも愛想がよかった。ついつりこまれたみんなにけしかけられ、山口大佐が、

「スターリンに怒られたらそれっきりだとビクビクしながら」

それでも、とっさに手近の葉巻の箱の紙を破って差し出し、サインを乞うと、スターリンは喜んでその紙きれにサインした。

「山口さんへ、スターリンより。善良なる記念のために」

このとき、シャンパンを干しながら、スターリンが松岡にいった言葉を、そばにいた西春彦参事官が聞いた。

「これで日本人は、南へ安心して出られますね――」

それだけではなかった。松岡一行がシベリア横断列車に乗りこんだモスクワ駅に、異例も異例、スターリンとモロトフが見送りにきた。発車時刻が来ても、鶴の一声で発車を待たせ、車内に入って松岡を抱擁するやらなにやら……。

日ソ中立条約は、まぎれもないスターリンの逆転サヨナラ満塁ホームランであった。かれは、それによって日本軍の鋒先《ほこさき》を南に向けさせて後顧の憂いを絶ち、大軍をヨーロッパに集めてドイツに勝った。そして日本の敗戦が決定的になると、不延長を通告、条約有効期間九ヵ月を余す二十年八月八日、突然、日本に宣戦を布告、満州、千島、樺太を手中におさめた。

四月に入るとすぐ、海軍では軍令部総長が伏見元帥宮から永野修身大将に代わった（陸軍では、十五年十月から杉山元《げん》（陸大22）大将）。

そのころ、現役大将の最古参であったから、総長就任は順当の人事とされたが、山本長官が、「永野さんは自分で天才だと思いこんでいる」と悪口をたたいたようなところもあり、その「天才」が海軍統帥部の長として戦争か平和かの決をとることになったのも、運命というものだった。

一言でいえば、かれは「達観的積極論者」であった。及川海相との間には、このとき海軍次官になった沢本頼雄（海大17）中将によると「だいぶ思想上のギャップ」があり、慎重論の軍令部次長伊藤整一中将と作戦部長福留繁少将が、総長にブレーキをかけることが多かったという。

「達観的積極論者」という意味は、永野はのちに天皇に申し上げたように、三国同盟を結びながら対米交渉をまとめるなど不可能だと大局的に判断し、統帥部長としては戦争準備を怠りなく進めておかなければならない、と見ていたことであろう。

井上成美の所見。

「日米関係が悪化したのは、第一次世界大戦がはじまったドサクサに中国につきつけた二十一ヵ条の要求からはじまり、満州事変、日華事変とつづいて年とともに悪化してきたもので、これを正常化するにはこれらの病源を清算するくらいの覚悟が要るが、さらにアメリカ人の一番嫌っている国民、しかも一年このかた非道の侵略戦をつづけ、アメリカと緊密な関係のイギリスと交戦中のドイツと軍事同盟を結ぶことは、対米戦争に近づく以外の何ものでもない。これに思い至らないとは、まことにふしぎというほかなく、正常な理性の持ち主とは考えられない」

その点に注目していた永野は、その「病源を清算」することは、「視野の狭い」陸軍にはとうてい不可能であり、したがって日米戦争は不可避であると考えた。だが、日米戦って日本が勝てる道理はない。アメリカ通の永野には、それがよくわかっていた。とすれば、すこしでも、日本が勝てる方途を見つけ、それを早いうちに整えておかねばならぬ、というふうに決意したのではないか。

こんな話も残っている。

石川信吾大佐が永野大将に会い、

「海軍が南進しないと陸軍が北進しますよ」

と話した。そのあと永野が軍令部総長になると、それまで一貫して実力行使に反対してきた方針を一変させ、南部仏印進駐に踏み出した。陸軍までが目を丸くするような変わりようであったという。

いかにも永野が、石川の注意でびっくりして、あわてて南進の手を打つことに方針を変え、まんまと石川のハメ手に乗った、といいたそうな話だが、ここまで永野をでくのぼうと見るのは、ゆきすぎであろう。

「方針を一変」せざるをえなくなったのは、日蘭会商が順調に進まず、蘭印から平和的に油が手に入る見込みがほとんど立たなくなったからであり、そうなれば、海軍としては、南方武力進出、すなわち日米戦争に突入するほかなく、その場合、南部仏印は戦略上、どうしても日本が押さえないといけない要点である。もしこれが英米陣営の手に渡ったら、日本の南方作戦は成り立たなくなるからであった。

「仏印、タイに兵力行使のための基地を造ることは必要である。これを妨害するものは断乎として討ってよろしい。たたく必要がある場合には、たたく」

六月十一日の連絡会議でかれはこういった。

松岡外相が、仏印に兵力を入れたいが、軍令部や参謀本部がいけないというからやめるのだ、といったのをうけた発言だった。

松岡はおどろくし、杉山参謀総長は呆然とするし、であったという。

野村―ハル会談

野村大使がワシントンに着任して、最初に出てきたのが「日米諒解案」であった。

「三国同盟を結びながら日米交渉で妥結を求めようとするのは、二兎を追うとおなじだ」

という野村大使の判断は、正しかった。

かれは、真珠湾攻撃の日までにハル国務長官と四十五回、ルーズベルト大統領と九回にわたって会談し、かれなりに懸命の努力を重ねたが、ついに実を結ばせることができなかった。

アメリカは、四選まで果たしたルーズベルトのリーダーシップのもとで、つぎつぎに解読されてくる日本の外交暗号を読みながら、十分に計算された外交戦略を立て、それにそって慎重に行動することができた。

かれらは前にのべた十六年一月十六日のルーズベルト一般指令にもとづき、ドイツと日本にたいする戦略の具体化を急ぎ（三月下旬、米英蘭ABD協定）、レインボー五号計画を完成させ、第三次ビンソン案、両洋艦隊法案を成立させて、圧倒的な軍備の増強に踏みきった。

これで、ドイツと日本――大西洋と太平洋で戦って勝てるハードウェアとソフトウェアが揃ったが、といって、ハードウェアの方は、いくら急いでも発注から就役まで、戦艦は約三年半、正規空母と重巡が約二年半かかる。それができるまでが辛いところだった。かれらは、ドイツについてはイギリスを援助してもちこたえさせ、日本については、慎重に計算した硬軟両様の構えで、戦争になるのを極力遅らせることにした。

ふつうだったら、そんな器用なこと――ルーズベルトが好んで使った言葉でいえば、「日本をあやす（to baby）」ことなど、できるはずはないが、かれらは、くりかえすようだが「マジック」で外交暗号を解読し、それを可能にした。

ハル国務長官は回顧する。

「（「マジック」は）日米交渉のはじめのうちはたいして役に立たなかったが、最後の段階では大きな役割を果たした。これによってわれわれは、日本の外務大臣が野村やその他の代表に送ってよこす訓令の多くを知ることができ、野村が私との会談について東京に送っている報告も知ることができた。そしてこれらは、日本政府がわれわれと、一方では平和会談を行ないながら、他方では侵略計画をすすめていることを示していた。これらの傍受電報を見ていると、自分の言うべきことと反対の証言をする証人を見ているような気がした。

もちろん私は、こういう特別な情報を握っているという印象を、少しでも野村に与えることのないように注意しなければならなかった。私は、日米会談を、私が野村から、ないしは一般の外交筋から得ている程度の情報の範囲内で、すすめていかねばならなかった」

なんともぜいたくな回顧だが、強調したいのは、日本側は、暗号を読まれていようなどとはまったく知らず、いや、そんな事態になっていようとは思いもかけなかった。しかも野村は、大本営の考えている、いわゆる「侵略計画」など、何も知らされていなかったことである。悲劇というよりは、もうそれは惨劇であった。

たとえてみれば、日米会談は、アメリカに運転された汽車の旅とおなじであった。終着駅は、いわゆるハル・ノートであり、破局・開戦である。途中、巧みにスピードを調節され、途中停車して気をもたせたりはするが、時間がたつにつれてレールの上を確実に終着駅に近づいていく。

石川信吾はこれをアメリカの謀略だと見た。すぐに謀略だと見破るところなど、すでにお人好しの海軍士官の域を脱していたようだ。一方、高木惣吉は、

「野村大使は、五月十二日政府訓令に従って日本の協定対案を出したが、ハル国務長官は『まだトーク（話し合い）の段階で、ネゴシエーション（交渉）ではない』と語り、東京に

通報しないよう断わってから、いかにも腹蔵のない内密の打ち明け話にこと寄せて、『米国は内政上重大問題であるから、やがては脅迫も行なわれうる』ことを告げて善処の必要を説いている。……日本は日華事変未解決のままでもあり、国力その他の大局的見地から、いわゆる臥薪嘗胆《しょうたん》、韓信股《また》をくぐる覚悟を要する時期であったから、お人よしの野村大使が、ハル長官の脅迫を善意に解釈したことは無理からぬが、米首脳部の独善的極東政策とその対日意識をもってしては、太平洋戦争の回避は遅かれ早かれ失敗に帰せざるをえなかったであろう」

と憤慨していた。

考えてみると、日米交渉は、妙な幕の開きかたをしたものだった。

すこし前に戻るが、十五年十一月、ほかの目的で来日したアメリカ・カソリック海外伝道協会の司教と神父が、会議の途中で話題になった日米関係修復について、宗教家独特の善意と熱心さで努力を重ね、所見をまとめ、帰米後ルーズベルトやハルに説明した。所見は、当然、私人のものであり、公式のものではなかった。ルーズベルト政府の郵政長官が、おそらく大統領の諒解を得た上でのことだろうが、この二人の宗教家の活動をバックアップした。

そんな理由からであろう。文書の内容は、穏やかで、日米戦争を回避したいと願う日本の政治家や軍人たちにとって、これまでになく前途に光明を見いだしうるものであった。

野村大使も乗り気だった。政府に「日華事変をよく知る者」の派遣を求め、岩畔豪雄（陸大38）大佐が来着。岩畔の加筆によって、いわゆる「日米諒解案」ができあがった。ルーズベルト政権とは無関係――とはいえないまでも、無関係に近い性格のものであった。

ルーズベルト政権は、もともと原則を譲る気など、毛頭なかった。

ハル国務長官の主張する四原則――領土保全と主権尊重、国内問題不干渉、通商の機会均等を含む平等の原則、太平洋の現状維持は小揺るぎもさせない。

ハルの考えは、この「日米諒解案」は私的なものだから、まず前提としてハル四原則を日本政府が承認した上で、「日米諒解案」を日本政府からアメリカ政府に提案すること。アメリカ政府は、提案された「諒解案」を研究の上、それを土台として対案を出し、また新たな提案もし、話しあいましょう、というのだった。

つまり、日本政府は、まずハル四原則を呑みなさい。その上で、タタキ台として「諒解案」を出してきなさい。（時間かせぎにもなることだから）アメリカも（マジックを見ながら）慎重に考えましょう、というのである。ハル自身、「案」の内容が日本につごうよくできすぎていて、話にならない、と考えていた。

陸軍省から派遣されてきた岩畔大佐が、アメリカの宗教家と日本の民間人（近衛首相の線で渡米した元大蔵省ワシントン駐在財務官）との合作――というよりは岩畔案といってもいいくらいの内容だから、ハルがそう考えるのも当然であった。

ところが、この「日米諒解案」を、日本政府に電報するときに、妙なことが起こった。岩畔大佐が電文を起案して、野村大使の名で発信するわけだが、その電報には、前提としてハルの四原則を呑むことと、諒解案が日本政府から提案されたらそれをタタキ台にしてアメリカ政府がコメントするという、この案を性格づける二つの前提条件が抜け落ちていた。ばかりか、それがいかにもハル長官の提案であり、かれが提案にたいする日本政府の意見を求めていると読めるように書いてあった。

岩畔大佐は、そう書かないと、日本政府が内容を重視しないと思ったというが、匙《さじ》加減が利きすぎて、その後、開戦にいたるまでの日本の対米外交姿勢を、すっかり狂わせ、誤らせた、たいへんな磁気あらしの役をするのである。

日本にその電報が入ったのは、四月十七日から十八日にかけてのことだった。政府は大騒ぎになった。近衛首相が大本営政府連絡会議を開いて、自分自身でその「ハル提案」の「諒解案」を説明したほどの浮かれようだった。

岩畔私案がハル提案にすりかわっていたのである。夢かと日本政府が喜ぶのは無理もないが、厄介なのは、そのすり替えがすり替えとわからず、それ以後、誤認の上に立って近衛首相や軍部指導者がアメリカを考え、政策を立案し、行動をすすめ、日米のギャップをますます大きくしていったことである。

「早くワシントンに回電を打たねばならぬ」

と沸き立っているさなか、松岡外相がモスクワから帰ってきた。かれ自身のルートと違うルートの話でみなが浮かれていることを知り、猛烈に憤慨した松岡は、病気といって出てこなかった。

海軍では、焦った岡軍務局長が、石川軍務二課長が松岡と同郷であることを利用し、「個人的」に松岡との接触を命じた。

松岡の私邸を訪ねた石川は、いきなり怒声を浴びせられた。松岡の興奮はものすごかった。

「陸海軍の首脳はバカばかり揃っている。外交がわかりもせんくせに、おれに相談もせんで、こんな重大なことをやろうとするなど、外交をメチャメチャにするだけのことだ……外交は八方の情勢を睨んで多面的に手を打たねばならぬ。ある一面だけを見て現象を追うようなことをしては、相手にしてやられるだけだ。おれは欧州に行ってヒトラーと会い、スターリンと話しているときでも、常にアメリカに手を打つことを忘れてはいない。現にモスクワでも、スタインハート米大使を通じて、中国問題について日米会談の糸口を開くようアメリカへ手を打ってある。こんどのこと（アメリカから『ハル提案』が来たこと）も、その反響かと思ったほどだ。三国同盟の仕上げにわざわざ欧州へ行ったのも、日ソ中立条約を結んできたのも、みなアメリカと交渉する土台を作るためだ。それは三国同盟を結ぶときからの構想で、君も知っているはずじゃないか。それをバカどもが、アメリカの坊主どもにのせられて、めちゃめちゃにしよるのだ……」

この話は石川の手記によったので、かれの解釈もまじっていると思われるが、読んでいると一理も二理もあり、なんとも複雑な気持ちにさせられる。

この騒動は、やがて三ヵ月後の松岡失脚の伏線となる。そのてんやわんやを「マジック」によって眺めていたハルは、思わぬ引き延ばし作戦の成功に、してやったり、というところであったろう。かれは、日米諒解案などに、すこしも期待をかけてはいなかった。

独ソ開戦

五月から七月にかけ、事態はピークに登りつめたようにみえた。

事態の動きの一つ一つ、要人の言動の一つ一つが、きわめて重要な意味をもつようになり、それらを敏感にとらえて対応策をとり、慎重な軌道修正を、必要と認めたらすぐにも計らねばならない時期にきていたが、それらを客観的に、国際的視野に立って総合的に見ている人は日本政府にはいなかった。

松岡外相は、感情的、主観的でありすぎた。かれ独自の構想によって、アメリカの政策を変えさせることができると信じこんでおり、他からの進言や忠告には、いっさい耳を貸さなかった。

五月八日、松岡は参内して、

「アメリカが欧州戦争に参戦しましたら、日本はシンガポールを撃たなければなりませぬ。またアメリカが参戦しましたら長期戦となるため、独ソ戦争になるかもしれませぬ。そのときは、日本は中立条約を捨ててドイツ側に立ち、イルクーツクあたりまでは行かなければなりませぬ」

と申し上げた。

天皇はおどろかれた。戦争を避けるために三国同盟や日ソ中立条約を結んだはずが、それでは日本は、アメリカとソ連を相手に戦争しなければならなくなるではないか。それ

「外相をとりかえたらどうか」

翌日、天皇は木戸内大臣に洩らされた。

それから半月たって、松岡は近衛に文句をつけた。

「陸海軍首脳は、多少は独伊に不義理をしても日米諒解案を成立させようとしているらしいが、そんな弱腰でどうなるか……外相としては、あくまでも独伊との結合を主張する」

たしかに、木戸内相もいうように、ヨーロッパから帰ってのちの松岡は、「議論が飛躍」しすぎてきた。病身（肺結核）でもあって、それが影響したとも、松岡の構想が「日米諒解案」で邪魔されたからとも、また、独伊を廻って、いよいよ独伊の過大評価を強めたともいえようが、オットー駐日ドイツ大使が、日米交渉に強い不信感を示し、シンガポールを早く攻撃せよと、近衛の言葉によれば「高飛車」な態度で要求してきたせいもあったろう。

六月二十二日の独ソ開戦については、松岡の訪欧前後から、その気配が外交ルートを通じて報告されていた。リッベントロップ外相たちが、おそらく意識して、少しずつリークしたものを、外交電で東京に打ってきた。

しかし、そのころは、独ソが戦うなどだれも思わず、または思いたがらず、日本の首脳たちは例によって楽観的判断をしていた。

その開戦一日前（二十一日）、ハルは日本の同案にたいする対案を送ってよこした。いわゆる「日米諒解案」をハル提案と思いこんでいた日本政府首脳は、息を呑んだ。

落胆する者、憤慨する者、アメリカの謀略だと叫ぶ者、混乱した声の渦巻く中に、「独ソ開戦」の急報がもたらされた。

松岡外相は、すぐに参内した。

「独ソ開戦した今日、日本もドイツと協力してソ連を撃つべきであります。このためには、南方は一時手びかえる方がよろしいが、早晩は戦わねばなりませぬ。結局、日本は、ソ米英を同時に敵として戦うことになります」

と申しあげた。

再々のことに天皇も、

「すぐに総理と相談せよ」

と命じられた。

近衛首相もあわてて連絡会議を開き、話をまとめ、七月二日の御前会議で、

「さしあたりソ連にたいしては行動を起こさない」

ことを決めた。

独ソ開戦は、三国同盟条約調印のとき、秘密覚書を交換してドイツが日ソ国交改善の仲介をすることを決めていたが、それを無意味にしたことになる。二年前（十四年八月二十三日）、日独防共協定を結んでいたドイツが、突然、独ソ不可侵条約を成立させて協定を踏み

にじり、そのために平沼内閣が責任をとって総辞職した、それに似た情況である。

近衛首相も、一時、平沼内閣にならって総辞職を考えたが、木戸にとめられて思いとどまった。あとになって、

「あのとき三国同盟を廃棄しておけばよかった」

そうすれば、これほどドイツから日米交渉の足を引っぱられたり、シベリアからソ連の背後を衝いてくれ、シンガポールを攻撃してイギリス艦隊を牽制してくれ、などと強要されずにすんだろう、と残念がったが、あとの祭りであった。

それよりも、独ソ開戦の日、日本では長い間決まらなかった南部仏印進駐案が、決定への第一歩を踏み出したことの方が、問題であった。

独ソ戦争は、第二次世界大戦で、ドイツの敗北を決定づける大きな落とし穴になった。一方、南部仏印進駐は、陸海軍担当者たちの予想を裏切り、進駐が行なわれると間髪をいれずにアメリカが対日資産凍結に出た。そして四日後には、かれらが手もとに残しておいた最後の切り札を切った——石油の対日輸出を禁止し、日本を絶体絶命のところに追いこんだ。日本は自存自衛のため、つまり生きてゆくために、石油を求めて南進せざるをえなくなった。

独ソ開戦という新しい国際情勢の展開をうけ、「日本はこれからどうすべきか」を決めるため、首脳部は七月二日、御前会議を開いた。

「独ソ戦はドイツが勝ち、早く終わる。スターリン政権は崩壊するだろう」

と、ほとんどの人が判断していた。リッベントロップ外相も、独ソ戦が早く終わることを強調し、なぜ日本はすぐにもウラジオストックからシベリアを衝かないのかと催促した。

独ソ戦は、ヒトラー自身、五ヵ月と予想して踏みきったが、アメリカの判断は、陸軍省は一ヵ月、最大限三ヵ月と見たし、ノックス海軍長官も六週間から二ヵ月の間にヒトラーはソ連を片づけるだろうと考えた。

そのような雰囲気のなかで、松岡外相は陸軍を驚かせるほどの急ぎようで、北進を主張した。

「いまこそ、ドイツと呼応してソ連を撃つべきだ。仏印は半年遅らせていいではないか。また仏印に出れば、英米と正面衝突することになる」

そうはいかないと反論すると、

「では北でソ連、南で英米と戦うべし」

と勢いこんだ。これがまた天皇を驚かせた。そのような性急な北進論を押さえ、南部仏印進駐方針を決めたのが、七月二日の御前会議だった。

ふしぎなようだが、ここで南部仏印平和進駐を決めながら、それがアメリカの対日資産凍結や石油の禁輸といった報復措置を呼ぶとは、首脳たちは一人も考えていなかった。

実はすでにワシントンの野村大使からは、そのことを正確に予想した情況判断を電報してきていた。しかし松岡外相は、北進を主張するためのスプリング・ボードのようにして「南部仏印進駐は日米戦争になる」とはいったが、野村電を紹介して首脳たちに注意しようとはしなかった。

「外交的手続きを踏み、まったく銃火を交えずに進駐するのであって、北部仏印のときのように戦闘をするのではないから、べつに問題はないはずだ」

他国に軍隊が入り、そこに駐留することがどんな重大な意味をもつのか、国際通念でどんなふうにみられるのか、満州事変以来の実情になれて、首脳たちの判断力がにぶっていた、としか考えられなかった。

一方、陸軍は、御前会議で独ソ戦に介入しないことを決めたものの、独ソ戦の推移によっては北方に武力行使（対ソ戦発動）するという項目を入れていて、そのために、大がかりな動員を行ない（いわゆる関特演）、八月下旬ころまでに、満州朝鮮にいる部隊を三十五万から八十五万——二倍以上にふやした。独ソ戦でシベリアのソ連兵団がヨーロッパ方面に移動し、残った兵力が半分になったら、その手薄に乗じてソ連を撃とうと狙っていた。あくまで戦争する気であった。

あとの話になるが、関東軍では諜者を入れたり、監視兵を出したりしてソ連兵団の移動を探った。だが、ソ連兵団が移動をはじめた徴候がどうしても摑めず、空しく日が経つうち、開戦で、こんどは南に方向転換させられることになった。

さて、近衛首相としては、日米交渉をなんとか妥結させたいのに、いっこうに進展しない。それは「力の外交」を主張して突っ立っている松岡外相の存在が障害になっていると考え、非常手段として総辞職した。そして、大命によって第三次近衛内閣を組閣（十六年七月）し、外相に商工大臣の豊田貞次郎海軍大将を据えた。

豊田は、十六年四月、大将に昇進すると海軍次官を沢本頼雄（海大17）中将にゆずり、予備役になると同時に第二次近衛内閣の商工大臣、そして近衛が第三次内閣を組閣すると、外務大臣に横すべりした。

商工大臣をつとめ、国力や物資のことに詳しい豊田に外交の衝に立たせ、暗礁に乗りあげている日米交渉をなんとかまとめたいと考えた近衛首相の期待を担い、いわば政府のキイ・ポストを占めたのである。

しかし、陸軍は、すばやく冷水をかけてきた。

「日米交渉をまとめるために、三国同盟を実質的に破棄しようと企てているのではないか。そうだとすれば、国策にもとり、国際信義に反し、軍としては承服しがたい」

かれらは、いつもこのようにして、機先を制して投げ網をかけてくる。そして、まず身動きがとれないようにして、かれらの好む方向に向けなおす。

すこしあとの話になるが、近衛首相がめずらしく情熱を傾けて日米首脳会談を着想し、八月四日、陸海両相と話しあったことがある。

「いまは危機一髪のときで、野村大使を通しての交渉では時機を失するおそれがある。日本の主張は大東亜共栄圏の確立にあり、アメリカは九ヵ国条約を楯にしているので、正面衝突するほかかない。しかしアメリカも、合法的な方法でならば条約の改訂の相談に乗るといっているし、日本としても、共栄圏確立の理想を一挙に実現するには国力が許さない。この点で、大乗的な立場に立てば、日米の話し合いができないはずはない。要するに、つくすだけのことをつくし、できなければやむをえぬ。つくすだけつくすことが、対外的にも対内的にも必要だと思う」

及川海相は、その日のうちに全面的賛成を首相に回答した。しかし陸相は、即答を避け、文書にして回答を送りつけた。

「野村大使による日米交渉の根本方針を守りながら最後の努力を払い、それでも米大統領が政策を改めなければ断乎日米戦争に突入する決意で巨頭会談をされるのなら、陸軍は反対しない」

これでは近衛首相が出かけていって、ルーズベルト大統領と話し合う意味がなくなる。日米交渉を成立させる目的でゆくならば、いままでの筋は筋として、それ以上の広い範囲にわたる決定権をもたなければ、話はまとまらない。

野村大使はすでにくりかえし進言していたが、日本ではだれもそれに注意を払わなかった。

「南方に武力行使をする決意ならば日米関係を調整する希望は全然ない」(七月三日付電報)

「日本が毅然とした態度を続けていればアメリカが折れてくるとは、とうてい信じることができない」(七月八日付電報)

日本政府が軍部の支配下にあるかぎり、アメリカは日本を信用できないというのだから、近衛首相の着意も、いまとなっては遅すぎたことになる。

もっとも、その近衛首相は、

「どんな譲歩をしても日米交渉を妥結させ、戦争は避ける。そのために国を売ったといわれようと、殺されようとかまわぬ。話がまとまったら電報で直接（天皇の）御允裁《ごいんさい》を仰ぎ、お許しいただけたら、撤兵の大命を発していただく決意」であったという。木戸内大臣と伊沢（多喜男）貴族院議員と田中（新一・陸大35）参謀本部第一部長とが聞いている。

この巨頭会談は、結局、実現しなかった。近衛は日華事変を開始し、拡大したばかりか、三国同盟を結び、北部仏印に進駐した首相だからとアメリカに不信感を持たれていた。その上に、近衛の考えていた、最後には天皇の大命をいただいて撤兵を実現させるというような、ドンデン返し的な構想、というか非常手段をとろうとしているなど、アメリカ人には想像もつかなかったからであろう。

最後の決をとったものは、やはり、不信感だったのである。

ルーズベルト大統領やハル国務長官たちの対日不信感をあおったものに、すでにのべた「マジック」があった。

いうまでもなく、アメリカ政府にとっては最大の宝であり、最高の機密であり、そのようにして日本の外交暗号を解読していることは、日本にはおくびにも出せないものであった。

ところが、十六年五月五日ころ、ドイツの警告をうけた松岡外相から野村大使にあてて、日本の外交暗号がアメリカに解読されていると知らせてきた。その警告電報をアメリカの解読班が解読して、かれらは心臓がとまるほどに驚いた。

「どこからそれが漏れたのか」

大恐慌のうちに、死に物狂いの調査がつづいたが、まもなくその極秘暗号で、野村大使が、漏れた形跡は認められないがなお調査すると回答していることが解読されたではないか。

アメリカの解読班は、呆然とした。

「野村は、いつも極秘暗号しか使っていない。漏れたというなら、極秘暗号が漏れたとしか考えられないはずなのに、なぜ松岡はその暗号を使って漏れたと知らせてきたり、野村もそれを使って漏れた形跡はないなどと回答したのだろうか」

実は、松岡も野村も、九七式欧文印字機を使った極秘暗号は絶対に解読できないと信じこんでおり、漏れたとすれば印字機を使わない暗号に違いないと思っていた。だから、そんなことになったのだが、その理由までは暗号で打たなかったから、アメリカ側にはわからなかった。

解読秘匿対策として、アメリカ側は、とるものもとりあえず解読文の配布先をさらに制限した。大統領が喋ったにちがいないと睨んだとみえ、大統領には要約文だけを配り、解読原文を配るのをやめた。

つまり、要約文を読む大統領には、それ以後、日に日に開戦に傾斜していく日本の切迫感が伝わらなくなった。と同時に、原文が配布される数人の首脳たちは、アメリカに解読されていることを知りながら依然としてその暗号を使っている日本側の真意を測りかねた。

「印字機暗号が解読されていると知っているのに、なお印字機暗号を使いつづけるのはなぜか。おそらく裏をかいてアメリカの判断を誤らせようとしているのにちがいない」

と判断した。

「東洋人は狡猾だ。やりそうなことだ」

とうなずいたが、その後、交信される高度の極秘外交暗号電報の内容は、どうもニセモノではないらしかった。といって、

「だまされるものか」

という不信というか疑惑は、最後まで消えなかった。おかしな言いかただが、日本政府の死に物狂いの気持ちが、アメリカ政府首脳にそのまま伝わらなかったことになる。かれらが日本の実情を誤解していただけに、結果としてそれがよかったのかどうか、微妙である。

暗号解読にまつわるもう一つの話。

南部仏印進駐が七月二日の御前会議で決定され、準備がはじまっていた七月半ば、日本の広東総領事が、南支方面軍か二十五軍の参謀と思われる人物から聞きこんだ情報を、三回に分けて松岡外相あて「ご注進」におよんだ。それも、極秘のうちに送ろうとして、「高度の極秘外交暗号」を使ったからたまらない。たちまちアメリカに傍受され、解読された。

内容は、第一線の若い軍参謀が酒をのみながら怪気焔をあげたといったふうで、仏印、蘭印、シンガポールを片手でつかみとるような、ほんとうのことと気焔との境目がはっきりしないようなものであった。仏印のくだりは、かなり事実を含んでいたが、南部仏印に進駐し

たら、次は蘭印とシンガポールに武力行使して奪ってしまう、使う兵力はこれこれだなどというのは、その若い参謀の独断と偏見で、中央には南部仏印進駐とシンガポール、蘭印攻略を直結させるような、そんな計画はまったくなかった。

だが、アメリカにはたいへんな価値のあるスクープに見えた。

「最高の機密情報を手に入れた。日本政府の平和交渉など、まったくのまやかしだ。東洋人の狡猾さが、そのまま出ているペテンだ」

と鬼の首をとったような気であった。しかもそれは、南部仏印進駐の意味するところまで暴露していた。南部仏印進駐は、即、蘭印とシンガポール武力攻撃への幕あきではないか。

これ以後、つまり解読を終わった七月十九日以後、アメリカ、イギリスの南部仏印を見る目の色がまったく変わった。かれらはそれを、日本軍の蘭印攻撃、シンガポール攻撃と同義語と考えるようになったのである。

七月二十六日、日本軍が「平和的」――戦闘を交えずに南部仏印に進駐すると、「マジック」でそれを追いながら準備していたアメリカは、イギリス、オーストラリア、オランダなどと連絡をとり、即日、報復手段として在米日本資産を凍結し、ガソリンの対日輸出を禁止した。

同時に、イギリス、蘭印、フィリピンも対日資産を凍結、イギリス、カナダ、ニュージーランドは通商航海条約などを廃棄、蘭印は石油民間協定を廃止し、いっせいに日本締めつけに乗り出してきた。ヒステリック、といえるほどの反応だった。

「資源を日本に渡さない」

ことを申し合わせたＡＢＣＤ包囲陣がここに現実に成立した。

もっとも、資産凍結といっても、内容は、資産をいっさい使わせないというのではなかった。何のために使うか、いちいちアメリカ政府の認可を受けなければならぬというもので、石油の全面禁輸そのものではなかった。

ルーズベルトは、資産凍結令を決裁する時点では、石油全面禁輸までは考えていなかった。が、世論に押され、八月一日には全面禁輸に踏み切らざるをえなくなった。アメリカ世論はそこまで日本への報復に熱していたのである。

奇妙なことだが、それほどに日本を締めつけながら、ルーズベルトもチャーチルも、資源封鎖によって実際に日本が対米英戦争に訴えてくるとは予想していなかった。チャーチルは、ヨーロッパでイギリスが手を挙げないかぎり、日本は戦争をはじめないと信じていた。

資産凍結が発表されてまもなく、永野軍令部総長は参内して御下問にお答えした。

このころの永野は、病みあがりのように頬がこけていたが、お答えの内容にも、鬼気迫るものがあった。

妙な話だが、このときのお答えの内容については正式の記録がない。永野がこういった、ということをのちに天皇が木戸内大臣に漏らされ、それを木戸がメモにして残していた。そのなかから拾うと、こうなる。

「永野がいうには、戦争はできるかぎり避けたい。三国同盟には大反対で、これがあっては日米国交調整は不可能である。資産凍結で油の供給源を失うことになるが、このままでは二年分の貯油量を持つだけで、戦争になると一年半で使ってしまう。むしろこの際、打って出るほかかない。しかし日米戦争になれば、日本海海戦のような大勝利はむろんのこと、勝てるかどうかもわからない、と。これではつまり捨てばちの戦をするということで、まことに危険である」

なるほど、永野は、正直に、ありのままを申し上げていた。が、天皇の海軍幕僚長としては、それよりも、戦争の是非を、作戦ベースでなく国ベースで考えるべきであった。三国同盟を廃棄しても、中国・仏印からの撤兵を断行しても、日米戦争は避けなければならない、と申し上げねばならなかった——。

しかし、その翌日参内した及川海相が、天皇の御心配を承って、

「それは永野総長個人の考えを申し上げたもので、海軍全般としてはまだそう考えておりませぬ。どうか御心配なきよう」

ととりなしたというのは、聞き捨てならぬ話である。御心配をおかけしないようにと努めるあまり、大事な問題をはぐらかしてしまった。残念至極なことである。

それはともかく、現実に、石油がアメリカからも蘭印からも、一滴も入らなくなった。じっとしていても、これからは貯油量が減るばかりになった。

平和的に石油を入手する道を断たれたいまは、資源については武力を使って奪ってこない

かぎり、そのうちに日本から石油がなくなり、重要資材も底をつくことは、必至であった。

といっても、陸軍は、三国同盟は捨てない、撤兵はしない、と頑張っている。ばかりか、「関特演」で大兵力を満州、朝鮮に集結させると、またぞろムズムズしてきたとみえ、八月上旬には、ソ連機の空襲を受けたら独断進攻する、と関東軍司令官がいい出した。対米・対ソ同時作戦をやるんだと、途方もないことをいい立てている。

海軍は苦しんだ。永野総長も目ばかりギラギラさせて、日米戦えば勝つことさえ覚束ないと天皇に申し上げるほどに悩みぬいた。

それまで、早く日米開戦を決意せよと大合唱をしてきた陸軍中央も、ここにきて日米戦争の実体が少しずつでもわかってきたのか、戦争をするかどうかを決める責任を、海軍に押しつける気配がみえてきた。

荒天だというのに、無理に港を出て、ここまで船を持ってこさせたのは陸軍である。転覆（戦争）寸前の危険な情況になったら、その危険を免れるには、当然トップヘビーになっている積荷を捨てるのが常識である。にもかかわらず陸軍は、その積荷――三国同盟や中国・仏印駐兵やハル四原則反対――は絶対に捨てないという。そして危なくなると、なにやら急に海軍を舵輪につけて、舵を右にとるか左にとるかの責任を負え、というわけである。

石油の全面禁輸の事態をうけて、どうすべきかをきめる九月六日の御前会議とその前後の陸海軍の話し合いは、そんな底流の渦巻くなかで転覆しそうになりながら、それでも転覆から少しでも免がれようと、政治力のない海軍が精いっぱいの抵抗をした軌跡であった。

だからといって、海軍が、日米戦争を最後まで避けとおすことのできるわけはなかった。戦争に訴えなければ、石油や主要資源が得られず、そのために国力も戦力も国民生活も立ち枯れしてしまうのである。

どうしたらよいのか。

戦術的には、海軍はそれなりの自信があった。艦隊決戦では勝てると思った。だがそれは、アメリカのビンソン案、両洋艦隊法案による新造艦船や航空機が続々と完成してくるここ二、三年以内だけにいえることで、そのあとは、兵力の差があまりにも大きくなって、どうしようもない。

つまり、海軍の作戦には、時間的な制約があった。油の問題も含み、堂々と戦えるのははじめの一年か一年半の間であった。長期戦になれば、あとは政府が国力をどう引き上げ、強化していくかにかかるが、いくら努力しても、日本が長期戦でアメリカに勝てる見込みはなかった。

いかにも歯切れの悪い言いかただが、それが事実であるだけに、決断はしにくかった。

山本連合艦隊長官が近衛首相に呼ばれ、所信を聞かれたときも、おなじような答えかたをした。

「それは、一年や一年半は、せいぜい暴れてごらんにいれる。しかし、それ以後はわからない。なんとか日米戦争は回避してもらいたい」

それが本心であった。それ以後はわからない、というとき、それ以後の国力と戦力の造成は総理大臣の仕事であり、実力部隊の総指揮官として海上にある連合艦隊長官には判断がつかない、と山本がいわなかったことは残念だが、井上成美大将はのちに、
「わからない、といわず、なぜ敗けるとハッキリいわなかったのか」
と評し、山本を一等大将から二等大将に格下げした。山本が、相手は総理とはいいながら素人であるとき、もっとわかりやすく、断定的に、敗けますというべきだったとするのである。

　事実、真珠湾空襲で日米戦争をスタートさせる山本の作戦構想も、「長期戦になったら日本は負ける」というほとんど既定事実の前提と、「連合艦隊長官の任務として日本を負けさせてはならぬ」という責任とを、なんとか両立させようとした苦肉の策であり、そのあとにつづく「敵の新造兵力が蓄積されて、処理しきれないほどの大勢力になる前に、そのつど、徹底的に潰滅《かいめつ》させる……」……長期戦完遂構想とワン・セットのものとして理解されねばならなかった。

　ほんとうのことをいえば、それとて、味方の被害がつねに最小限に食いとめられていなければ成功しない、いわば敵前綱渡りのような危なっかしさを持っていた。そうであればあるほど、日本海軍は寝ても醒めても張りつめた緊張感を張りつめっぱなしにしていなければならなかった。

　はたしてそれが日本海軍にできることなのか。

　そこにこの構想の最大の弱点があったが、戦争をするという以上、山本は、そんな贅沢な

ことを言っていられなかった。とにかく、やるしかなかった。

など波風のたちさわぐらむ

九月六日の御前会議で議せられる「帝国国策遂行要領」は、九月はじめから検討されたが、つまるところ、それまでの日本側のいい分そのままで、それをアメリカが呑まなければ戦争に訴える、というものであった。

「帝国ハ自存自衛ヲ全ウスル為対米（英、蘭）戦争ヲ辞セザル決意ノ下ニ概《おおむ》ネ十月下旬ヲ目途トシ戦争準備ヲ完整ス」

というのが、施策の第一項で、続いて、

「帝国ハ右ニ併行シテ米、英ニ対シ外交ノ手段ヲ尽シテ帝国ノ要求貫徹ニ努ム」

「前号外交交渉ニヨリ十月上旬頃ニ至ルモ尚ワガ要求ヲ貫徹シ得ザル場合ニ於テハ直チニ対米（英、蘭）開戦ヲ決意ス」

となっていた。

及川海相は、なんとしても開戦を避けたかった。そこで、検討会議に提案して、「（第三項の）ワガ要求ヲ貫徹シ得ザル場合」を「ワガ要求ヲ貫徹シ得ル目途ナキ場合」と改めることとし、そのとおりに最終稿の表現を変えることができた。

あとでそれを知った陸軍では、

「敵は海相だ」

と息まいたそうだが、実は、ここまで来てしまえばどちらも五十歩百歩であった。なんとしても戦争すべきでないとするならば、そんな小手先の修正にとどまらず、さきほどの危険な「積荷」を、身を挺しても捨てさせねばならなかった。

御前会議の前日、近衛首相よりの巨頭会談申し入れがアメリカ政府から拒否されてきた(九月四日)翌日、議題となる「国策遂行要領」の御説明に参内した近衛首相のあとをうけて杉山、永野両総長が参内した。近衛手記によると、杉山参謀総長にたいして、天皇が質問された。

「日米事起こらば、陸軍としてはどれほどの期間に片づける確信ありや」

「南方作戦だけは三ヵ月くらいにて片づけるつもりであります」

「汝は支那事変勃発当時の陸相なり。そのとき陸相として、事変は一ヵ月くらいにて片づく、と申せしことを記憶す。しかるに四ヵ年の長きにわたりまだ片づかんではないか」

総長は恐懼《きょうく》し、支那は奥地が開けており、予定どおり作戦しえなかった事情をくどくどと弁明申し上げたところ、天皇は声を励まされた。

「支那の奥地が広いというなら、太平洋はなお広いではないか。いかなる確信あって三ヵ月と申すか」

事変以来の陸軍不信の御気持ちをまともに受け、杉山総長はただ頭を垂れて答えることができなかった。

このとき永野軍令部総長が、お許しを得て助け舟を出した。

「統帥部として大局より申し上げます。今日、日米の関係を病人にたとえれば、手術をするかしないかの瀬戸際に来ております。手術をしないでこのままにしておけば、だんだん衰弱してしまうおそれがあります。手術をすれば、非常な危険はあるが助かる望みもないではない。その場合、思い切って手術をするかどうかという段階であると考えられます。統帥部としては、あくまで外交交渉の成立を希望しますが、不成立の場合には思い切って手術をしなければならんと存じます。この意味で、この議案に賛成いたしおるのであります」

と申しあげた。天皇は重ねて、

「統帥部は今日のところ、外交に重点を置く趣旨と解するが、そのとおりか」

と念を押され、両総長ともそのとおりである旨お答え申しあげた。

この内容は、近衛公が陪席していて、いわば軍事に門外漢であった人が記憶にもとづいて書いているので、いくつかの大きな誤り——たとえば三ヵ月が五ヵ月の、一ヵ月が三ヵ月の間違いだとか、そのほかにも間違いと思われるものを指摘できるが、それはそれとして、なんとか天皇が軍事の逸走を食いとめ、外交手段をつくさせたい、戦争は最後の最後でなければならぬと決意しておられたことは、十分に描かれている。

それにしても永野お得意のたとえ話と、いくたびも陸軍の窮地を救う「侠気」には、むしろ長嘆息せざるをえない。

翌六日の御前会議のために、永野は、みずから心魂を傾けて陳述書を書きあげた。また、会議に出席する直前、福留作戦部長に、

「今日は、いっさい自分一個の責任において、自分の信ずるままを陳述するから、諸君の意見は一切聞かずに参内するつもりである」

凛とした態度でそういって宮中に向かったという。

永野の陳述要旨を抜き書きする。

「……極力平和的手段によって現在の難局を打開し、帝国の発展と安固を将来に確保すべきでありますが、万一平和的打開の道なく、戦争手段によるほかない場合、統帥部として作戦上の立場から申しあげますと、今日、油その他重要軍需資材の多くが日々枯渇し、国防力がしだいに衰弱している状況であり、このままゆきますと、しばらくすれば国家の活動力が低下し、ついには足腰立たぬ窮地に陥らざるをえないと思います。同時に、極東にある英米その他の軍事施設と現地の防備、ならびにこれらの諸国、とくに米国の軍備は、非常な速さで強化増勢されつつありまして、明年後半期ともなれば米国の軍備は非常に進捗《しんちょく》し、対応がむずかしくなる情勢にあります。今日何もせずに日を送りますことは、現在の帝国にとり、はなはだ危険と申さねばなりませぬ。したがって、外交交渉で帝国の自存自衛上やむにやまれぬ要求すら認められず、ついに戦争が避けられないことになりましたならば、まず最善の準備をつくし、機を失せず決意し、とくに毅然たる態度で積極的作戦に突き進み、死中に活を求める策に出なければならぬと存じます。

作戦の見通しは、米国は最初から長期作戦に出る公算がきわめて多いと認められますので、帝国は長期作戦に応ずる覚悟と準備とが必要であります。もしかれが速戦即決を企て、海軍兵力の主力をあげて速戦を求めてきましたならば、わが思う壺でございます。今日、欧州戦争が続いており、英国が極東に回すことのできる海軍兵力は限度があり、英米連合して参りましても、これをわが予定の決戦海面に迎え撃つ場合、飛行機の活用などを加味して考えますと、わが勝利の公算はとくに多いと確信いたします。ただし、この決戦で帝国が勝利を得た場合でも、それでこの戦争を終わらせることはできそうになく、おそらく米国は、本土が難攻不落であり、工業力と物資力が群を抜いていることを活用して長期戦に移ってくると予想されます。

帝国は、進攻作戦によって敵を屈服させ、戦意を放棄させる手段を持たず、かつ国内資源に乏しいので、長期戦をとるのははなはだ好ましくないところではありますが、長期戦に入った場合、開戦当初すみやかに敵軍事上の要所と資源地を占領し、作戦上堅固な態勢を整え、その勢力圏内から必要資材を獲得することにより堪えることができると存じます。この第一段作戦が適当に完成されれば、たとえ米国の軍備が予定通り進みましても、帝国は南西太平洋の戦略要点を確保しおわり、敵に犯されぬ態勢を保ち、長期作戦の基礎を確立することができます。それ以後は、有形無形の各種要素を含む国家総力がどうなるか、世界情勢がどう推移するかによって決せられるところが大であります。……

第一段作戦成功の公算を多くするための要件は、第一に日米戦力の実情から見まして開戦をすみやかに決定いたしますこと、第二に、かれより先制されずわれより先制すること、第三に作戦を容易にするため作戦地域の気象を考慮することなどがきわめて必要でございます。

……

なお一言つけ加えたいと思いますが、平和的に現在の難局を打開して帝国の発展安固を得る道は、あくまで努力して求めなければなりません。同時にまた、大阪冬の陣のような平和を得て、翌年の夏には手も足も出ぬような不利な情勢で再び戦わねばならぬような事態になりますことは、皇国百年の大計のためとってはならぬと存じます……」

さすが、永野修身一世一代の傑作といわれるだけあって、条理をつくしたものであった。しかし、日米戦争では日本が勝てないこと、作戦構想にはじめから矛盾があることを、行間ににじませていた。

どうしても長期戦になるといいながら、占領地から「必要資材を獲得」し、「戦略要点を確保する」には輸送の難問があった。「敵に犯されぬ態勢を保つ」ことなど、四面を海で囲まれた細長い日本本土はいつも外に向かって心臓部をむき出しにしていて、防衛がむずかしく、とても無理というものだった。「それ以後は」——見込みが立たず、ドイツが勝ち、イギリスが降伏して、アメリカが戦意を放棄するという、夢のような仮説が成立しなければ有利にはなりません、といっていた。

要するに、永野陳述の結論は、

「アメリカと戦争をすれば日本は敗けます」

ということだった。

はじめに永野一人の責任で申し上げる、と福留次長に断わったように、そう言うことだけで畢生の勇気を必要としたのだろうか。ただし、海軍軍人の体質として「作戦」と「戦争」の境界が明確を欠き、むしろ「作戦」の方に力点が置かれていたため、まっ暗なはずのトーンが、なんとなく玉虫色に見えていたのは残念というべきであった。

このあと永野が見せる態度の矛盾――「作戦の都合」を睨んで一方では開戦を督促しながら、他方、日米戦うべきかどうかを問われると、いつも、

「なんとか戦争を避けたい」

と答えたのもそれであった。

永野のあと、杉山参謀総長が陳述した。

参謀本部戦争指導班（第二十班）の書いたものを読んだから、おのずから主戦的な気構えがにじむのはやむをえなかった。

そのあと、二、三御説明がつづき、原枢密院議長が、天皇の御心配をうけて、

「……国民は日米関係を見て最悪の状態になるのではないかと思い、そうならないことを願っている。私はこの前の会議のときに、対英米戦を辞せずとあったので、できるだけ外交を進めるよう希望しておいた。……案文を見ると、……戦争が主で外交が従であるようにみえるが、……今日はどこまでも外交的に打開に努め、それでいかぬときは戦争をやらなければならぬ意味と思う。戦争が主で外交が従と見えるが、外交に努力して万やむをえないときに戦争をするものと解釈する」

と、あくまで外交が主で、戦争は第二次的なものでなければならぬと、なんどもくりかえして念を押した。

――外交か、戦争か。

原議長の所見が、その二つに絞られ、外交が主で、戦争は第二次的なものであることを確認したい、というふうに展開していったのは、これまでの経緯からすると、見当違いで、まことに残念であった。ここで強調されねばならなかったのは、その順位をきめることではなく、二者択一であり、外交をとるならば、三国同盟、駐兵、ハル四原則の問題を呑む決意をすべき段階に、いま、来ていたはずである。それを呑まないかぎり、たとえ御前会議で「外交第一、戦争第二」を確認したところで、情勢は好転せず、数ヵ月以内に戦争に突入せざるをえなくなるのは見えていた。

どうしてその点が問題にされなかったのか――残念ともなんとも、いいようがない。

及川海相がそこで発言した。

「書いた気持ちは原議長とおなじであります。帝国政府としては、事実上、今日まで日米国交に努めております。現在の事態に直面し、やむをえないときは戦争も辞さない決意でやる、ということを書いたものであります。

戦争準備と外交とは軽重はなく、外交手段による目途が立たない場合には、戦争を決意するところまでやる、というのでありまして、実際に戦争を決意するのは御前会議で御裁可を仰いだ上のこととなります。重ねて申せば、書きました趣旨は原議長と同様で、できるかぎり外交交渉をいたします。近衛首相が訪米をも決意しましたのは、そのような観点からと思います」

実際に戦争を決意するまでには、もう一つチェック段階があること、海軍大臣としての及川自身まだ戦争決意はいたしておりませんと申しあげ、御安心を願ったのであろう。それにしても永野との発想の差がうかがわれる。

やがて原議長の質問と応答がすみ「帝国国策遂行要領案」は可決されたが、その前——及川海相の答弁のあと突然、天皇が異例の発言をされた。

全員極度に緊張した。緊張のあまり度を失ったのか、天皇がどの時点で発言されたのか、いくつかの記録がみな違うのである。

参謀本部第二十班保管の「御下問奉答綴」に有末班長が記録したものによると、

「私から事重大だから両統帥部長に質問する。先刻、原がこんこんと述べたのにたいし、両統帥部長は一言も答弁しなかったが、どうか。極めて重大なことだったが統帥部長の意志表示がなかったのは、自分は遺憾に思う」

とお叱りになり、紙片をとり出され、

「私は毎日、明治天皇御製の

よもの海みなはらからと思ふ世に
など波風のたちさわぐらむ

を拝請している。どうか」

と述べられた。

しばらく言葉を発する者もなかった。

やがて、永野と杉山がこもごも立って、お詫びと釈明をしたが、天皇の、なんとかして戦争を避けたいというお気持ちを、これほど痛切にあらわしたエピソードもない。

なぜなら御前会議前日の両総長の御召しと、当日の経過とを一つ一つたどってゆくと、そのとき及川がお答えしたあと、永野、杉山がとくに申しあげなくとも、すでに意をつくしていたと考えてもおかしくない情況であった。

にもかかわらず天皇が二人の統帥部長をお叱りになり、重ねて明治天皇の御製を読みあげられたのは、この「帝国国策遂行要領」に御不満のあまり、すぐに戦争を持ちだしてくる統帥部長に御怒りが爆発したと考えるべきであろう。そして、御製によって、天皇の御心を明確に打ち出そうとされたのであろう。

御前会議を終わって陸軍省に帰った武藤軍務局長は、すぐに部下を集めた。

「戦争など、とんでもない。おれがいまから読み聞かせる」

と会議のメモを読み、

「これはなんでもかんでも外交を妥結せよとの仰せだ。ひとつ外交をやらなければいけない」

と語ったという。まさにそのとおりだったが、そのあとがいけなかった。武藤は、急に声を潜めてつけ加えた。

「おれは情勢を達観しておる。これは結局、戦争になるほかない。どうせ戦争だ。だが、大臣や総長が、天子様に押しつけて戦争にもっていったのではいけない。天子様が御自分から、お心の底からこれはどうしてもやむをえぬとお諦めになって戦争の御決心をなさるよう、御納得のいくまで手を打たねばならぬ。だから外交を一生懸命やって、これでもいけないというところまで、もっていかぬといけない。おれは大臣にも、この旨言うとく」

四年前、盧溝橋事件をキッカケとして北支事変に拡大した、そのときの現地軍参謀として、武藤章は拡大派の急先鋒であり、ついで南京攻略軍の参謀副長をつとめた。広田内閣組閣のときは軍事課の高級課員として寺内寿一陸相を踊らせ、そのあと、軍務局長になると、「第一級の政治家」を自認して辣腕をふるい、陸軍主導の日本の進路をきめて今日にいたった。

その武藤のひそひそ話は、しかし、痛烈だった。これではいくら天皇が平和を求められても、どうしようもない。

日米交渉の完敗

日米交渉が行きづまった。近衛首相が奮起一番した巨頭会談も、流れた。

アメリカと日本は、情報で天地ほども格差が開いていた。日本は、アメリカと対等の交渉などできるはずはなく、すでに完全に敗れていた。しかも日本政府首脳は、だれも暗号が解読されている事実を知らず、気づかず、怪しみもせず、依然として自説を固守し、鎧《よろい》をちらつかせながらひたすら押せばアメリカは妥協すると考えた。

それでも情勢は日に日に悪くなった。

何も知らされなかった国民でさえ、不安を高める人たちがふえていった。それまで、三国同盟を結んでヒトラーと手を握ることに反対してきた人、英米とはあくまで友好をたもつべきだと考えつづけてきた人たちでも、あまりのことに、アメリカに悪意を感じ、英米離れをする人も多かった。

世論が分裂しはじめた。それだけでなく、政府や海軍部内にもヒビが入った。それまで戦争回避を主張し、イキのいい中堅将校の主戦論をはねつけてきた将官クラスにも、現実がこのようになってはどうすることもできぬと、しぶしぶながら戦争はやむをえぬと考える者も出てきた。

このような情況を見ていたアメリカ政府は、

「してやったり」

と膝を打った。このまま力押しをつづければ、日本は収拾がつかなくなり、アメリカに和解を申し出てくるだろうと判断した。

満州事変のとき、フーバー政権の国務長官であり、いま陸軍長官をつとめているスチムソンは、日本の侵略行為にたいして、いま経済制裁という形で罰を与えたことに、会心の笑みを漏らしていた。

そしてアメリカ国民は——例のギャラップ世論調査によると、「日本との戦争を賭してもなお日本の進出を阻止すべきである」と考える者が、七月には五十一パーセントであったのが、九月には七十パーセントにふえた。空気は急速に悪化していたのである。

そんななかで、十月上旬は、刻々に近づきつつあった。

「……外交交渉ニ依リ十月上旬頃ニ至ルモ尚ワガ要求ヲ貫徹シ得ル目途ナキ場合ハ、直チニ対米（英、蘭）開戦ヲ決意ス」

という九月六日御前会議決定のターゲット・デート「十月上旬頃」が、目途が立たないいまに、すぐ目の前に迫っていた。

東久邇日記には、このころ、軍事参議官だった東久邇宮稔彦王が、近衛首相から東條陸相の説得を頼まれ、天皇も首相も日米妥結を希望しておられるのだからといろいろ説いたが、東條に「見解の相違です」と一蹴されて失敗した話がのっている。

東條の反論は、こうである。

「アメリカが日本にたいし、中国全土から撤兵して日華事変以前の状態に復することなどを要求しようとしているが、陸軍大臣として、また日本陸軍として、中国大陸で生命を捧げた尊い英霊にたいし。絶対に認めることができない……日本がジリ貧になるより、思いきって戦争をやれば、勝利の公算は二分の一であるが、このままで滅亡するよりはよいと思う……」

そして、さっさと席を立っていったという。戦争になれば、六百五十万もの死傷者がこのあと出るのだが、その新たな「尊い英霊」についてはどう考えるのか。勝利の公算は、なぜ二分の一なのか。そして、「日華事変以前の状態に復する」と、なぜ日本は「滅亡する」のか。重大な岐路に立っている日本の進路を、このような論理で決めてよかったのか。

九月二十五日の連絡会議では、統帥部から開戦決意をするターゲット・デートを、「十月上旬頃」から「遅くとも十月十五日」ということにすると申し入れた。

近衛首相は、さらに追いつめられた。あと二十日あまりもない。

豊田外相は駐日英、米大使と話しあい、アメリカに諒解案を送るなど、懸命の外交努力を傾けた。だが、同じテーブルについていない――つこうとしないアメリカ相手の交渉なので、まるでのれんに腕押しをするようで、とらえどころがなかった。

野村大使からは、しばしば情況判断や意見具申を述べてくる。今日からみれば、的確で適切なものが多いのだが、なにしろ国内――とくに陸軍が、東條陸相の考えに代表される「外交より戦争」論に固まっていて、陸相―武藤軍務局長ラインは、

「駐兵は最後までがんばる。天皇の御命令があっても頑張る」

と不穏な言葉さえ吐くありさま。

まさに柴山軍務課長の述懐する、

「国家崩壊のきざしが歴然と現われていた」

のであった。

この日（九月二十五日）、及川は、石川軍務二課長を呼んで、研究を命じた。

「いままでの経緯にとらわれず、この際、和戦いずれに決すべきかについての情況判断。近

衛公が内閣を投げ出した場合にどう処理すべきか。アメリカとの協定が成立しない場合、それでも日本がジリ貧に陥ることなく国防力を充実していく方法はないか」

天皇の、戦争を避けたい、平和を保ってゆきたいという御意思を体して、かれも平和の道を探ろうと心を砕いていたが、アメリカを知らぬ石川課長に相談してどんな答えが得られたのか、記録はない。

そのアメリカは、九月なかばにはアメリカの定めた防御海域に入ってきた独伊の艦艇航空機を攻撃撃退せよと命じた。十月九日には中立法を改正して、アメリカ商船の武装ができるよう、交戦区域を航行してさしつかえないようにし、それによって、事実上、欧州戦に参戦しようとしていた。

日本のとりうる選択の幅は、さらに狭められつつあった。

九月末から十月はじめにかけ、海軍首脳部はあわただしく動いた。

九月二十九日、山本長官が上京し、永野軍令部総長と話しあった。山本の話を要約すると、

「南進作戦の戦闘力は十一月半ばに整備するが、西太平洋に敵艦隊を迎え撃つ迎撃作戦の準備はできない。戦闘機、中攻（双発陸上攻撃機）おのおの一千機が必要である。南方作戦は一人四ヵ月で片づくが、その間飛行機六百五十機を消耗するだろう。連合艦隊長官ではなく一人の大将として、第三者の立場からいえば、戦争は長期戦となり、艦船兵器が補充困難となるばかりでなく、国民生活も窮乏し、内地はともかく満州、朝鮮、台湾には反乱が起こるおそれがあり、このような成算の少ない戦争はしてはならない」

そして、さらに、

「日米交渉をやめたら近衛総理は辞職するだろう。そうすれば、時局の収拾は困難となろう。といって、戦争に導くことも困難で、陛下のお許しをいただくことが、なかでももっとも困難だろう。日米交渉を中止しても戦争をしないで立ちゆく方策はないものだろうか。

和戦いずれにせよ、国内は非常にむずかしい局面になる。できるだけ戦争を避け、国内の整頓と強化を図ることが大事だ。このため、日米の調整は、多少譲歩してもとりまとめなければならない。仏印についてのルーズベルト提案（仏印中立案）にたいしても、現在の日本の態度よりもっと譲歩する余地があると思う。三国同盟についても同様である」

ともいった。連合艦隊長官の考えが、総長や大臣よりも「作戦的」でなく「戦争的」で、国ベースで視野が広いということは、日本の悲劇であった。

永野や及川も、戦争は避けたいと願っていたが、何をどうすれば避けられるのか、それについて海軍はどうすべきか、といった具体策についてのトップの決断が定まらなかった。

山本は、

「私が連合艦隊長官であるかぎり、真珠湾攻撃は実行する」

と、どんな障害をも排除してこれを断行する決意を示したが、開戦反対というような政治の問題には、意見は述べても、それ以上に出るのを慎しんでいた。

十月一日、近衛首相は及川海相を呼んで、海軍部内の空気を聞いた。

「総理は絶対避戦主義だといわれるが、それだけでは陸軍を引っぱってはゆけません。また、このまま緊張状態を続けていけば、資源の消費が大きく長続きしません。早く国交を調整して資源を入手できるようにしなければなりませんが、それには米国案をう呑みにする覚悟で進まなければならぬ。総理が覚悟をきめて進まれるならば、海軍は十分援助しますし、陸軍もついてくると信じます」

及川はそう述べ、述べたことを永野総長にも話したが、永野も全然同感だと賛成した。

その翌日（十月二日）、ハル国務長官は野村大使に覚書を手渡した。そのとき、

「アメリカ政府としては、あらかじめ了解が成立しなければ、日米首脳会談は危険だと考えており、また太平洋全般の平和を維持するためには、一時しのぎの了解でなく、明確な協定を結ぶ必要がある」

と口述した。それからも考えられるように、アメリカの主張はこれまでどおりで少しも動いていなかった。用語にはずいぶん神経を使い、友好的雰囲気を盛って綴られたものではあったが、日本の国策の転換を求めていることには変わりなかった。

このアメリカの覚書を検討するための十月四日の連絡会議は、果然、二つに割れた。

東條陸相と杉山参謀総長が、

「回答を出すことよりも、早く外交の見通しをつけろ」

といい出し、永野総長も、

「もはやヂスカッションをなすべきときにあらず。早くやってもらいたいものだ」

などと、なんとでも解釈できるような言葉を吐いたりした。結局、会議はどんな回答を送るべきかの結論を得るまでにいたらず、中途半端のままで終わった。

ついでにのべる。

陸軍と海軍とは、戦争準備をするための手順が違い、リードタイムの長さが違っていた。しかもその差を、双方が十分に理解しあわず、したがって調整もしていなかった。

海軍では艦船が戦闘単位だから、戦争準備は現在持っている艦船にたいして行なえばよい。国が戦争するとことさらに意思決定せずとも、情況に即して、艦船を整備し、あらかじめ用意し保管してある軍需品を積みこめば、フローチャート式にいうとすぐにでも戦場に出てゆくことができるし、その逆の復旧も、比較的容易にできる。

ところが陸軍の場合、戦争準備は、まず船舶の大量徴用にはじまり、大規模な動員——召集令状を出して生業についている国民兵役の壮年男子を入営させ、それを編成訓練して部隊をつくり、軍隊と軍需品を戦場に輸送、集中ないし展開、そこではじめて戦闘を開始することができる。船舶を大量徴用すれば、それだけ物資が運べなくなるから、国の経済や国民生活を圧迫する。大規模な動員をすれば、国民の権利義務に直接かかわることになり、新しく多額の予算が必要になり、国民に大きな影響を与える。

このような、国ぐるみ、国民ぐるみを平時状態から戦時状態に転換させることは、陸軍だけの発意でできることではない。当然ながらまず国が戦争を決意し、それを前提として陸軍が開戦準備をはじめる、という順序をふまねばならぬ、と参謀本部などは考えていた。

その上に、もう一つ厄介なのは、田中参謀本部第一部長がいうように、

「陸軍は、いったん予想戦場方面に集中展開した大軍を、一度も戦わずに撤収することに大きな抵抗を感ずる」

習性を持っていたことだ。

満州事変以後、兵力を増強すると、戦火が拡大していった。中央が不拡大をいくら指示しても役に立たなかったが、この習性からすれば、すこしもそれがふしぎではなかったのである。

ちなみに、このころの陸軍の腹づもりでは、まず南方を数ヵ月で片づけ、その間に冬を越し、冬を越したら鋒先を転じて北に向かい、ソ連と戦う予定であった。幸か不幸か、そのとおりにはいかなかったが、この時点では、すくなくともスタートを急がねばならなかった。

では、陸軍を代表する東條英機陸相とは、どんな人だったのか。田中第一部長はいう。

「責任を重視すること特に厳格で、自分もこれを実践すると同時に他にも厳に要求する。したがって、九月六日の御前会議についても、いったん政府・統帥部が共同責任で奏請し、御裁可を得たものである以上、責任を回避してはならず、あくまでそのとおりに実現するというのである。この点、とくに近衛総理とは根本的に違っていた」

もっとも、このときの近衛首相は、追いつめられたように、戦争回避に熱意を燃やしていた。陸海両相と単独に話し合ったり、陸相が三国同盟、駐兵、ハル四原則について譲歩しようとしないので、海軍を使って陸軍を牽制させようとしたりした。海軍が、日米戦争に勝つ

見込みを持てないといえば、陸軍もやむをえず譲歩してくるだろう、というわけである。

十月七日朝、定例閣議が始まる一時間前に東條と及川が会談した。そのとき、

「戦争の勝利について自信はどうか」

と東條が問うた。及川は、

「それはない。ただし（勝利の自信ありと統帥部がいったのは）統帥部は緒戦の作戦のことを主として言っていただけである。二年、三年となるとどうなるかは、いま研究中だ」

と答えている。そしてそれを、

「以上はこの場かぎりにしておいてくれ」

と他言を封じた。

その前日、海軍首脳部が集まって、対策を協議した。

「撤兵問題のため日米が戦うのは愚の骨頂である。外交によって事態を解決すべきだ」

海軍の良識がなお健在であることを示した結論を得たが、及川がそこで最長老の永野総長に、

「それでは、陸軍と喧嘩する気で争うてもようございますか」

と確認した。すると永野は、嫌な顔をして、

「それはどうかね」

とブレーキをかけた。それまで意気ごんでいた及川はむろんのこと、集まった面々、毒気

を抜かれたように、しらけてしまった。

　出席した沢本次官は残念がる。

「あのとき総長が阻止しなかったら、おそらく海軍大臣の辞職、内閣の崩壊、陸海対立の激化、戦争中止などの事態が起こったかもしれない。しかし、次官も次長も軍務局長も押し黙ってものをいわない。しばらく沈黙がつづき、解散した」

　それにしても海軍は、強い意見をのべて海陸正面衝突するのは努めて避けたいと思っていたし、ことに戦争を目の前にして、協同作戦しなければならない陸海軍は、つとめていざこざは避けるべきだとした。また陸海が争う実情を部内部外に知られるのは、どの方面から見ても得策ではない。

「お互い内兜《うちかぶと》はよく知っていることだから、まずまず事を荒立てず穏便に」

　と考えたのだ。

　八月にはすでに航空本部長から第四艦隊長官にまつり上げられ、内南洋のトラック島に敬遠されていた井上成美中将がこの話を聞いたら、カンカンに怒ったに違いない。

　いや、そのほかにも井上の怒りそうな話があった。

　十月九日夜のことらしいが、軍務二課長の石川信吾大佐と、課員の木坂義胤（海大33）、柴勝男両中佐の三人が夜更け、大臣官邸に押しかけ、寝ていた及川海相を起こして談判におよんだ。

　柴によると、三人は、

「もうこうなってはやむをえないと思いますが、大臣は和戦の決をとっていただきたい」

と「率直に」意見を述べた。すると及川大臣は、

「お上《かみ》の御意向もあって、そうはいかない」

と二言目にはお上、お上といい、決断の様子が見られなかった。

三人はやむなく引き揚げたが、すぐに木坂中佐が「衮竜《こんりょう》の袖にかくれて……」といった相当強い文句の入った文章を起案し、及川大臣に意見具申した。

「衮竜の袖にかくれて……」とは、天子の御衣の袖にかくれて、転じて「天皇の御威徳のかげにかくれて」大臣が戦争決意をしようとしない、と非難しているわけである。

陸軍で、武藤軍務局長が、

「天皇の御言葉があっても頑張る」

と耳打ちしたり、武藤の部下の政策立案者が、

「軍トシテハ最後マデ、優諚アルモ頑張ルコトニ決ス」

と日記に書いたりしているのは、いわれるところの「皇軍崩壊」の姿であったが、こうしてみると、海軍にもおなじような不穏当な考えかたが、大佐以下の一部には存在していたことになる。

総理に一任

錯雑した内外の問題を処理する最後の詰めとしての五相会議が、首相、外相、陸相、海相、

企画院総裁が出席し、いわゆるターゲット・デート（十月十五日）を目前にした十月十二日、荻窪の近衛公私邸・荻外荘《てきがいそう》で開かれた。

その前夜、富田健治内閣書記官長が、岡軍務局長を官舎に訪ねた。午後十時半である。

富田は、この夜こそ生涯忘れられないものになったという。

富田が口火を切った。

「日米交渉は、もう最後の関頭にきたと思う。そして問題は、中国からわが軍が撤兵する原則を認めるかどうかにかかっている。陸軍がこれを絶対に譲らないというなら、戦争を避けることはできない。海軍の態度は、かねてから承っているとおり、日米交渉成立希望、日米戦争回避である。実は明十二日、近衛総理は、陸、海、外相を荻窪の私邸に招いて最後の会談をすることになっている。ついては、この会談で、海軍は総理大臣を助けて、戦争回避、交渉継続の意志をはっきり表明してもらえないだろうか。もし海軍の意志表示がなければ、近衛公は辞職するかもしれないと思う」

岡は、あわてて、

「近衛公が辞めるなんてことになれば、かならず日米戦争になる。それはたいへんだ。これは重大問題だから、君から直接海軍大臣に話をしてくれたまえ。ぼくもついていこう」

そこで二人は、夜中の十二時半近くに、海相官邸を訪れた。応接間で待っていると、パジャマ姿のままで海相が出てきた。富田が来意を告げると、及川海相は、

「あなたのいわれるところはよくわかります。しかし、軍として戦争できる、できぬなどと

いうことはできない。戦争をする、せぬは、政治家、政府の決定することです。戦争をすると決定されたら、どんなに不利でも戦う、というのが軍のたてまえだと思います。そこで明日の会談では、海軍大臣としては、外交交渉を継続するかどうかを総理大臣の決定に委すということを表明しますから、それで近衛公は、交渉継続ということに裁断してもらいたいと思います」

と、いわゆる「総理一任」をいった。

富田はこのあと、

「この態度は、海軍にたいし、あとあといろいろ問題になった点であるが、このとき、和戦に対する海軍の態度は明瞭になったといえるのである」

と書いて、海軍の意図を了解している。

なるほど、及川の言葉をよく見ると、

「（会談で）私は『総理一任』というから、それで『交渉継続』ということに裁断してほしい」

といっている。かれは、つまりその日の段取りの打ち合わせをしているのであり、「和戦」、つまり「交渉継続」か「交渉打ち切り」かは総理の方で決めてくれ、といっているのではない。「交渉継続」と裁断してくれ、といっている。

だが問題は、そのすぐ前の言葉の、

「軍として戦争できる、できぬなどと言うことはできない。戦争をする、せぬは政治家、政府の決定することです。戦争をすると決定されたら、どんなに不利でも戦う、というのが軍のたてまえだと思います」

というくだりである――いまのシビリアン・コントロールそのまま、昔にさかのぼって、あたかも楠木正成が湊川《みなとがわ》の戦いに出ていくときの朝廷の論議を思わせる発言をしているのは、どういうことか。

実はその「政府」を構成する重要閣僚として、及川自身、直接天皇を補佐し、国策を決定し、担当の政務をとる立場にあることを思うと、当然、そこに疑問が湧く。

井上成美は、くやしがる。

「なぜそれ（戦争反対）が言えないのか。理解に苦しむ。もし私が大臣であったら、はっきり言う。なんでもないことである……及川さんは、人格者には違いないが、自分の意見を言わない人である。大臣の器ではなかった」

「日本がアメリカの圧迫に堪えかねて、日米交渉に最大限の譲歩（中国よりの撤兵）をすれば陸海軍は仲間割れとなり、国内革命が起こる。国内革命だけではすまない。必ず対外戦争を招く。それで、戦力の余裕のある間に戦争をした方がましだというが、それは詭弁というものだ。

日本がそれだけ譲歩する誠意を示せば、アメリカは起たない。それでもアメリカが起つならば日本も起ってよい。世界の世論はどちらにつくと思うか。日本は、アメリカを防ぎながら助けを求める。よしそのような戦争には、敗けても国が亡びることはない」

前にのべた特別座談会で、井上成美が、

「陸海軍が互いに争ったとしても、陸海軍の全部を失うよりもよい。なぜ男らしく処置しなかったのか。いかにも残念だ」

となじるのに、学者型の及川は答えた。

「私の全責任だ。海軍が戦えぬといわなかった理由に二つある。一つは、満州事変勃発当時軍令部長であった谷口尚真大将のことだ。谷口大将は、満州事変は結局英米との戦争になるおそれがある、対英米戦争に備えるとすれば軍備に三十五億円（当時の金で）が必要だが、わが国の国力ではそれは実現不可能だ。したがって満州事変を起こしてはならない、と強く主張された。ところが、ロンドン条約以来、谷口大将と鋭く対立していた加藤寛治大将が、それを聞いて東郷平八郎元帥に告げ口をし、焚きつけた。東郷元帥は、『谷口は何でも弱い』といわれ、海軍大臣室に乗りこみ、谷口大将を呼びつけ、面とむかって、『軍令部は毎年作戦計画を陛下に奉っているではないか。いまさら対米戦ができないといえば、陛下に嘘を申しあげたことになる。また東郷も、毎年この計画にたいして、よろしいと奏上しているが、自分も嘘を申しあげたことになる。いまさら、そんなことがいえるか』とののしられたというが、それが私の頭を支配した。

第二は、近衛さんに下駄を履《は》かせられるなということだ。これは当時海軍では非常に警戒したもので、軍令部からも軍務局からも注意されていた。

この二つから、今日考えれば不適切だったろうが、近衛首相に、

『海軍で陸軍を押さえうると思っておられるかしれないが、閣内が一緒になって押さえなければ駄目である。総理が陣頭に立たなければ駄目である』

といった。荻外荘会談の二日前、鎌倉の別荘によばれたときのことだ。

そんなわけで、東條から申しこんできたときも、海軍としては返事をすべきものではなく、首相が解決すべきものだと答えた。つまり海軍としては、近衛に一任したのではなく、近衛を陣頭に立てようとしたのだ」

井上がつめよった。

「近衛さんがなすべきことだからと考えて、やらなかったのですか。近衛さんは、やる気があったのか。また、それができると思ったのですか」

「首相が押さえられぬものを海軍が押さえられるか」

「大臣を辞めればいいではないですか。伝家の宝刀がある。また作戦計画と戦争計画とは別です。この点で、東郷元帥の考えはまちがっている。それでもいけなければ、永野総長を替えればよい」

海軍次官だった沢本大将が、その席でとりなした。

「撤兵問題で、海軍首脳会議をしたとき、及川大臣が、『いよいよとなったら陸軍と喧嘩するつもりだ』といわれたところ、永野総長が『それはどうかな』といわれたため大臣の決心が鈍ってしまった。海軍は、かならずしも団結してはいなかった」

井上は、それでも追及をやめなかった。

「大臣は人事権を持っている。総長を替えればいいのだ」

及川がいう。

「近衛は内閣を投げ出したよ」

「戦争反対と態度を明確にされたのですか。その手を出すべきだったんだ」

「東條に組閣の大命が下り、陛下から東條内閣に協力せよとお言葉があったので、嶋田（繁太郎大将）を出したよ」

議論の終わりころは、話がちぐはぐになっていたが、ともあれ翌十二日の五相会議は、あくまで九月六日の御前会議で決定された「国策遂行要領」に固執し、撤兵絶対反対、日華事変の終末は駐兵に求める必要がある、撤兵すれば陸軍はガタガタになると力説する東條陸相の独り舞台の観を呈して終わった。及川が冒頭に、打ち合わせどおり「総理一任」を提議したが、吹き飛んでしまった。

二日後の十四日、陸相説得のためのだめ押しともいうべき閣議とその前の首相、陸相会談でも、東條は主張を押しとおした。

「……撤兵を看板にするというが、これはいけません。撤兵は退却です。帝国は駐兵を明瞭にする必要があります。所要の駐兵をして、その他の不要なものは時が来れば撤兵するのは当然です。撤兵を看板とすれば軍は士気を失う。士気を失った軍はないのと同じです。駐兵は心臓である。主張すべきものは主張すべきで、譲歩に譲歩を加え、その上にこの基本をなす心臓まで譲る必要がありますか。これまで譲り、それが外交とは何ですか。降伏です。ますますかれを図に乗らせるだけで、どこまでゆくかわからぬ。

このようなやりかたでなく、三国同盟を固めて彼を衝くもよし。作戦準備で脅威を与えるならそれもよし。独ソの和平をアメリカは気にしているから、この弱点を衝き、これを成功させてアメリカの軍備拡張を脅威し、わが主張をとおすもよろしい。

かれの弱点を衝き、それをもって外交上自信ありといわれるのならばわかるが、譲ることだけで自信ありといわれても、私は受けいれることはできない」

正面衝突であった。アメリカ研究をまるでしなかった陸大教育の欠陥が、こんなところで東條の判断を誤らせていた。

翌十五日、近衛首相は木戸内大臣に、

「陸軍大臣との関係が、ひどく緊迫してきた。陸相は、日米交渉見通しの問題で、この上首相と会見すれば感情的になるおそれがあり、好ましくない、といっている」

と洩らした。一方、東條は、総辞職を見越して木戸にもう次の手を打った。

「近衛公の後任には、もう臣下には適任者がいない。結局、東久邇宮殿下にお願いするほかない」

皇族の威信を借りて陸海軍一致――つまり海軍を陸軍に一致させようという腹らしかった。

その後、近衛首相は官邸に入って動かず、鈴木企画院総裁が陸相との間を往復して何とか妥結しようと努力したが、失敗に終わった。陸相は、頑として態度を変えず、

「海軍が作戦不能だというなら、いたしかたないが」

と下駄を海軍に預けて、そうくりかえすだけだった。

近衛首相は陸軍と海軍を嚙み合わせ、海軍を陸軍説得の矢面に立てて自分は遠くから様子を見るだけでいようとし、海軍は首相から下駄を預けられまいとして首相を矢面に立てようとし、陸軍は自分の都合を押し通してきながら、いよいよ土壇場になると、海軍に下駄を預けてきた。そして海軍は、「戦争はできない」とはいわず、「交渉継続」を強く求めるにとどめた。この場合、「戦争回避」と「交渉継続」とは同義語に近いものとみられていたし、海軍が「戦争回避」をのぞんでいたことは、首相、陸相をふくめた閣僚のすべてがよく承知していた。

それにしても、下駄（責任）を相手に預けようとして時間をつぶしているうちに、「マジック」によって腹のなかを見透かされつづけた日本は、政治がいつも陸軍に牛耳られていること、陸軍が引っこまないかぎりナチ、ファシストと結んだ手を離さず、撤兵はせず、通商の機会均等も認めず、大東亜共栄圏思想を撤回しないことを見破られ、日米戦争を予期した対応軍備が整うまで、ルーズベルト大統領にていよく「あやされ（to baby）」つづけていた。

近衛内閣の首脳者たちが、懸命の調整努力を重ねてきただけに、歴史として見れば、むしろ日本が哀れ、としかいえないのである。

近衛内閣は、十月十六日夕刻、総辞職した。

第五章　嶋田繁太郎

白紙還元

――十月十七日午後四時半、宮中から東條陸相にお召しがあった。いよいよお叱りを受けるものと覚悟した陸相は、軍服を着替え、苦りきった表情で出ていった。

陸軍省軍務課石井秋穂（陸大44）大佐の手記である。それまでに、午後の重臣会議で東條陸相を首相に推すことに話がまとまったという電話が入ったが、軍務課ではだれもそれを信じなかった。

それよりも東條陸相にたいして、

「頑張るな。部内を押さえて組閣に協力せよ」

と天皇のお言葉があるだろうと、ほとんどが予想していた――という。

それほどに、この大命降下は、東條にも、陸軍にも唐突であり、意外であった。

木戸内大臣は、アメリカが日本政府を「支配」している陸軍に狙いをつけていることを見抜き、その陸軍を押さえ、陸海軍の協調をはかり、九月六日の御前会議決定事項を再検討して出直すことのできる者は、東條以外にないと見た。

すっきりしないし、どうにも危なっかしいが——といって代案もなかった。過去の積み重ねの上に現在があることからすれば、日本の選択の範囲も、これほどに狭まっていたということだ。つまり、東條内閣を作ったほんとうの狙いは、九月六日の御前会議を白紙に還元するところにあったのである。

東條は、十七日夕方、大命降下のあと、その「白紙還元」の御言葉をいただいた。

さて海相の人事だが、及川は豊田副武（海大15首席）大将（呉鎮守府長官）を予定した。

東條にいうと、

「豊田は困る。陸軍の空気が悪く、協調精神がない。強いて豊田に固執されるなら自分も総理を固辞するほかない」

猛反対をした。木戸内大臣には、

「豊田は陸軍では声を聞くのも嫌だというほどで、かれの海相就任には反対である」

といった。

豊田の陸軍嫌いは、海軍部内でも有名だった。朝日新聞の杉本記者も、「あいつらは動物園だよ」とか「けだものみたいな者もおるからな」とかいったふうな毒舌がぽんぽん口からとび出すのを聞いている。豊田が軍務局長時代、メッケル陸軍との折衝でたびたび煮え湯を呑まされてきたせいもあり、また満州事変以来の陸軍のやりかたに激怒していたこともあって、それが日華事変、上海事変に拡大したあと、第四艦隊長官として青島占領とその後の警備、行政を担当したときは、陸軍との間に青島事件といわれる大喧嘩をしたことで、ますます有名になった。

それを聞いた米内海相（当時）が、

「あんなに陸軍を嫌わなくてもよさそうなものだ。豊田は大将にせんぞ」

と怒ったほどだ。

しかし、豊田に大臣を引き受けさせようと及川海相がかれを呉から呼んだ時点では、近衛の次は東久邇宮が総理だろうとみな予想していた。

「難物の陸軍に向かって、海軍のいいたいことをズバズバいえるのは、豊田しかいない」

それが「総理一任」で失敗した及川はじめ海軍首脳著たちの熱い期待であったし、上京した豊田も、それを聞いて大いに闘志を燃やしたところだった。それが、まさかと思う東條にきまり、情勢が急転直下した上に、東條からあからさまに豊田を忌避してきたから困った。

沢本次官は、憤慨した。

「海軍が推したものを、陸軍の反対で引っこめては、悪例を残すことになります。かまわんじゃないですか。このまま押しましょう。東條じゃ、どうせ戦争になります。潰したほうが国のためです」

同席していた伊藤軍令部次長も岡軍務局長も、沢本に賛成したが、及川は海軍が内閣を引き倒すことを嫌って、賛成しない。海軍が倒閣したのだから、あと海軍でやれ、といわれても、政治力のない悲しさで、このとき、陸軍を押さえて強力内閣を組織する自信はもてなかった。

「それならやむをえません。豊田さんに、自発的に断わった形をとってもらいましょう」

沢本の懇請で、豊田はともかく承知した。

「東條陸相になぜ大命が下ったのか、理由がわからない。東條をもってくれば、戦争突入のほかない。私としても、東條のポリシーには共鳴できないし、性格的にも手をつなぐことはできない。その上、及川海相に総理一任などと血迷ったことをいわざるをえなくした部内の急進派――陸軍の急進派と気脈を通ずる海軍上層または中層の一部と一戦交えて海軍の足なみを揃えねばならぬ。これはむずかしい。しかしぜひともやらねばいかん」

と八ツ当たりに当たりまくって、呉に去った。

それだけに、横須賀鎮守府長官嶋田繁太郎大将にとって、大臣就任は寝耳に水であった。むろん嶋田は、豊田のあとのピンチヒッターであることは知らされていない。

嶋田は翌十八日、組閣本部で東條陸相と会った。

「……対米外交を促進する一方、あるいは最悪の場合になる場合も考えると、海軍の立場はきわめて重大だが、そのへん十分ご了解願えるのか」

「そのとおりだが、陸軍の方はどうでもよいと考えられるのか」

東條のメッケル流の逆襲を予想していなかったのか、嶋田は二の句がつげなかったらしい。

「陸軍、海軍の関係をどうこういうのではない。それはそのときの情況によって定まってくると思う。ただこの事態で、海軍の立場についてお考えを聞いただけだ……」

「陸海軍の協調は何よりも大切である。その点いささかも遺漏なきよういたしたい」

「まったく同感……」

残念ながら、腰砕けになってしまった。

このとき東條英機は、中将で、あと一ヵ月しないと大将に進級する資格はなかった。しかし、海相が大将で、総理大臣兼陸軍大臣が中将ではぐあいが悪い。特例として大将にすることと、特例として現役のまま総理になることとを、閑院元帥宮の名で御裁可をいただいた。

米内大将が十五年一月、平沼内閣崩壊のあとをうけて総理になったときは、将校分限令によって現役を離れて予備役に編入された。陸軍と海軍の政治力の差か、それとも律義さの違いか。

木戸内大臣が東條を推したのは、あとの話によると、天皇のご命令を一番忠実に遵守するのは東條であり、また生真面目で、事務屋で、政治家ではなくて軍人である点を見込んだからだともいう。

だが内大臣の評価基準の据えかたは大間違いであった。またその狙いは、やがて、形式的には正しくても、本質としては大きく誤っていたことが証明されるが、それはすこしあとの話である。

永野軍令部総長が山本連合艦隊長官の、開戦と同時に真珠湾奇襲攻撃をするという、職を

賭した決意を聞き、

「山本長官がそれほどまでに自信があるというのならば、総長として責任をもってご希望どおり実行するよういたします」

と伝えさせた日――十月十九日の翌日、及川前海相と事務引き継ぎを終わった嶋田新海相は、岡軍務局長に、腹を割ってみせた。

「対米交渉は平和本位に、正々堂々、徹底的にやらないといけない。作戦上、チャンスを失うから早く打ち切れ、などというのは暴論だ。無名の師を起こしてはいかん。この大戦争をそんなことで始めることはできない。軍令部が承知しないというなら、私は辞職する。そのほかはない」

永野を狙い打ちにしたような、堂々たる正論であった。

その反響が、翌日、軍令部次長から返ってきた。

「永野総長は、統帥部と政府（大臣）との意見が食い違う場合を予想して、その場合は総長一人が辞職して事態を収める考えでおられるようだ」

いろいろ外部には、事あれかしというふうな情報、噂のたぐいが流れていたが、実際は、永野、嶋田ともに戦争は避けたいと考え、外交交渉に望みを托していた。ただ永野は、このままでは外交交渉の行く先は闇だと判断していて、そのときになって日本が窮地に落ちぬよう、立ち遅れぬよう、担当者として戦備に万全をつくそうとするところが違っていた。

東條内閣が発足すると、第一着手の重要課題として、十月二十三日から「白紙還元」作業にとりくんだ。

このとき、奇妙な話だが、参謀本部や軍令部――いわゆる統帥部には、「白紙還元」のお言葉が伝わっていなかった。人づてに、あとからその趣旨を聞いても、なかなか納得しなかった。かれらの頭は、九月六日の御前会議で固まっていた。問題は、「十月上旬頃（のち十月十五日に改められた）ニ至ルモ尚ワガ要求ヲ貫徹シ得ル目途ナキ場合ニオイテハ直チニ対米（英、蘭）開戦ヲ決意ス」の項である。

すでに目標日を過ぎてもなお外交交渉が妥結する目途が立たないのだから、当然、「直チニ開戦ヲ決意ス」べきであり、そうしないと作戦準備ができないという焦りしかかれらにはなかった。

そのような空気の中で、見直し作業が進められていくが、その前に、東條首相が、聞き捨てならぬことを口走った。

数日前、かれが親任式に出ようとする直前のことだった。近衛内閣総辞職の報道に加え、次期首班の下馬評に東條の名が伝えられたらしく、その報道を受けたアメリカにある種の衝動が起こったという電報が届けられた。

それを見た東條が、

「ざま見やがれ」

といい捨てたのを、そばにいた軍務課の石井陸軍大佐が聞いた。

二日後の十月二十日、武藤軍務局長が進言した。

「万人が納得するほどの手段をつくしてもなおアメリカが承知せず、ついに戦争となったら、国民大衆は奮起してついてくるでしょう。しかしもし日米和解、日華事変解決ができたならば、国民大衆からこの上もなく感謝されるでしょう。日米交渉には最後の努力を傾ける必要があります。国民は永い事変で飽いています」

東條は、石井にも明確に聞こえる声で、

「そのとおり」

と答えた。

東條のこのあとの思考と行動は、この「ざま見やがれ」と「そのとおり」との間を、微妙に、ついには破壊的に揺れ動くのである。

さて、見直し作業は、十一項目に分け、九日間にわたって精力的につづけられた。さすがメモ魔といわれた緻密な東條であった。九月六日の御前会議決定事項の審議のときの比ではなかった。広範にわたって検討した。

「十月の話が今になったのだから、研究会議も簡単明瞭にやってもらいたい。海軍は、いまでも一時間四百トンの油を焚いている。事は急を要する。急いでどちらかにきめてもらいたい」

と一時間刻みで督促する永野総長たちにせきたてられながら、計算のしなおし、見積もりの立て直し、議論のやりなおしをしていった。

といって、前の九月の計算と、一ヵ月たったからデータがすっかり変わるというものでもなく、結局は、あたりまえのことながら、前回と変わりばえのしない結果になった。

もしこのとき、新首相がメモ魔的事務屋でなく、視野の広い、国際感覚に富んだ大政治家であったとしたら、そしてまた、陸軍のはじめた四年にわたる日華事変で国力が痩せ、さらに陸軍は大軍を北辺に集結してソ連をうかがう姿勢を崩さず、その上にこんどはアメリカ、イギリス、オランダを相手に戦争をはじめる、そのことが日本にとって、どれほど重すぎる負担であり、どれほど危険な賭けであるかを、国力とのバランスの上で見とおすことができる人物であったら、どうだったろう。

残念ながら、政治家たちは、五・一五事件、二・二六事件以来、テロを恐れて表面に立ちたがらず、このころになっても近衛首相、平沼枢相が暴漢に襲われていて、陸軍急進派の怒りを買うと、命がいくつあっても足りない情況は変わっていなかった。とすれば、こんなむずかしいとき、

「私がやろう」

などと名乗りをあげる奇特な政治家は、いないはずだ。

国策再検討は、それぞれの担当省庁が準備したデータにもとづいて検討をすすめるのだが、管理工学の発達が不十分なころのことである。早期開戦を正当化するための主観的な数字や判断が混在し、計算の基礎そのものにも客観性の薄いデータがあって、あとで考えるとおか

しな部分も見られるのはやむをえなかった。

こんな話もある。前にのべた神重徳大佐。軍令部作戦課の作戦班長で切り廻していたが、あるとき軍令部四課の船舶担当者、西川享（海大33）中佐のところに書類をもってきて、

「兵棋演習はこの規則でやれ。船が沈まんようになる」

といった。その規則を使って計算すれば、それまでの規則では沈没と判定される船が沈没しないことになる、というわけである。あとで西川中佐がいった。

「そんなインチキはできんと言えッて？　とんでもない。神さんにそんなことといったら、ブン擲《なぐ》られる。生きてはおれんよ」

ちなみに、西川中佐は神大佐の三年後輩にあたっていた。

どういうわけでこんな親独派で直感肌の「危険」人物を、開戦前のもっとも重大な時期に、二年半も海軍作戦計画立案の中心に置いたのか。

神大佐は、海軍大学校を首席で卒業し、すぐにドイツ駐在を命ぜられた抜群の俊才。伝統的に海軍には、大学校を首席で、恩賜の軍刀をいただき、天皇の御前で研究の成果をお話し申しあげたような逸材には、一目も二目も置き、絶対の信頼をかける気風があった。だから、当然のように、作戦計画のかなめに神重徳を配したのだ。

ちょっとわき道にそれるが、このころ中央の要職にあった人材から大学校恩賜組を拾うと、いまさらのように驚かされる。

豊田副武（のちの連合艦隊司令長官）、豊田貞次郎（前外務大臣）、伊藤整一（軍令部次長）、

岡敬純（軍務局長）、保科善四郎（兵備局長）、福留繁（軍令部作戦部長）、高木惣吉（調査課長）、富岡定俊（作戦課長）、高田利種（軍務局一課長）、山本親雄（航空本部総務部一課長）、藤井茂（軍務局二課首席局員）などである。

ほんとうは、これに海軍兵学校恩賜組が加わる。右に挙げた豊田貞次郎、高田、山本は、兵学校、大学校ともに恩賜のすごい秀才である。

「そこのけ、そこのけ、恩賜が通る」

とさえ、海軍部内では言ったものだ。

だが、その評価方法がよかったのかどうか。学校の成績で順位をつけ、本人の思想（哲学）、創造性、科学性、柔軟性、バランス感覚など、人としての幅広さ、奥深さ、そして性格を勘定に入れなかったせいで、今日から見れば、偏った人間を上位に押し上げがちだった。

神大佐に戻る。約一年前のことだが、かれは参謀本部三課の岡村少佐にいった。

「海軍は来年（十六年）四月以降に南方作戦を実行しないと、部内統制上も都合が悪い。四月になれば対米戦に自信がある。対米兵力比が七割五分になる」

おなじころ、田中参謀本部一部長にはこういった。

「蘭印をやり、英米を敵としても、十六年四月以降ならばさしつかえない。十五年十二月に巡洋艦二隻が竣工、増勢されるから、南方に水雷戦隊一隊を増派できる。外戦部隊（連合艦隊など）のうち七割の戦備が十二月にほぼ終わり、一月中旬に完成する。蘭印だけならこれでやれる。四月中旬になれば、対米七割五分の戦備が整う。十六年四、五月ころ、海軍としても戦争をやらねばならぬ。十六年暮れになると、修理を要する艦艇が多くなる」

さすが頭の回転の早い秀才の自信に満ちた分析だが、これは、結局、作戦上の都合を言っているだけで、日本が英米を向こうに回して戦争できるかどうか、生産はどうする、補給はどうする、などには一言もふれていない。

これは、海軍の体質であった。作戦研究は猛烈にやるが、戦争研究はしない。しないでよいと考えている。陸軍も、大同小異だ。

再検討会議の席上、述べられた情況判断の要点。

——開戦初期は大丈夫だが、長くなったら米英独ソがどうなるか、国民がどこまで覚悟するかできまるので、いまから予測できない。

——ヨーロッパ戦線は長期戦になるが、ドイツの優勢は変わらない。

——戦争中の船舶の消耗量見込みは、第一年七十万トン（実際は百三十万トン）、第二年六十万トン（百七十九万トン）、第三年四十万トン（三百七十八万トン）。新造船見込みは、タンカーを含め、第一年四十万トン（実際は二十七万トン）、第二年六十万トン（七十七万トン）、第三年八十万トン（百七十万トン）。

また、艦政本部総務部長細谷少将が新造船の見込みをのべると、嶋田海相は、

「若い者は楽観的すぎる。海軍艦船の修理もあるのだから、総務部長の述べたものの半分、二十万トンから三十万トンだろう」

と目の子勘定で訂正した。だが、実際は、第一年は嶋田が正しく、第二年は細谷がまず正しく、第三年は二人とも大間違いをしていた。それだけ第三年の造船マンたちの頑張りが、想像を絶したわけである。

なお、船腹消耗見込みの食い違いは、悲劇的であった。ロマンチストの神大佐が、

「船は沈むもんじゃないよ。心配すな」

と作戦の中枢で太鼓判を捺したことで輸送補給能力の見積もりが狂い、日本の持久力を誤判断させて開戦に踏み切らせる一つの因子になったとすれば、人事担当者の責任は重大といわねばならなかった。

部下を指揮して戦う配置におけば、第一次ソロモン海戦やキスカ撤退作戦のような乾坤一擲《けんこんいってき》の名作戦をしてのけるカンというか、閃《ひらめ》きを発揮した神大佐だっただけに、政策や計画の立案を担当させ、かれの資質を潰して使ったことが悔まれる。

——物資の需要供給は、三百万トンの船腹があれば維持できるが、それ以下になれば不可能だ。ことに第三年以降は不安である。石油は二ヵ年の民需はまかなえるが、南方油がどれだけ手に入るかが鍵になる。航空ガソリンは南方油を考えに入れても第三年以後はむずかしくなる。

——長期戦を戦いぬくには、海軍はいつも飛行機三千機を持っていなければ危ない。

参謀本部の戦争指導班では、大本営機密戦争日誌を書いていて、班長だけでなく、若い参謀も所見を加えていたが、この日の日誌。

「……総理ノ決心ニハ変化ナキガ如キモ、鈴木（企画院）総裁ニハ疑念アリ、賀屋（蔵相）ハ真面目、海相最モ消極的、岡（軍務）局長ハ非戦論ナリ、独リ（参謀）総長、次長強硬ニ発言シアル如ク、軍令部総長及ビ次長ノ発言ハ少ナシ。カクシテ遂ニ二十七日ニ至ルモ『ラチ』アカズ、（開戦）決意ハ前途遼遠《りょうえん》ナリ」

おもしろい採点表である。陸軍の急進派には、海軍でもおなじだろうが、「戦争だ、戦争だ」と連呼する者は「わが党の士」で好評である。

こうして、物資需給については、とうとう結論が出せなかった。石油は、南方作戦に踏み切っても不安であり、鉄も船舶も危ない。そこまではつきとめたが、それではもう一度はじめに戻って考え直してみよう、三国同盟はどうか、駐兵問題はどうか、大東亜共栄圏の門戸は開放されないのか、日米は戦わずにすませることはできないのか、というような基本問題についての論議は、まったくなされなかった。

首相はじめ閣僚みな事務屋ばかりであった。大器量の政治家はだれもいなかった。こんなところで事務屋の限界が露呈されようとは、予想できなかった。

十月三十日の連絡会議を終わって、突然、嶋田海相が、決心を翻した。

「今日まで事態を静観してきたが、いよいよ最後のところにきた。今の大きな波は、とうてい曲げられない。結局、開戦になるだろう。現状からみれば、アメリカはいつ起って先制してくるかもしれぬ。そうなれば、日本の作戦は根本から破れ、勝ち味はなくなる。この際、海軍大臣一人が戦争に反対したために時機を失ったとなっては、申しわけない。むろん自決してお詫びはするが、そんなものは何の役にも立たぬ。適時、決心すべきである」

沢本と岡を前に、決意をのべた。開戦反対から、開戦やむをえぬと旗印を換えたのである。

そして嶋田は、開戦にはやむなく賛成するが、その条件として、必要とする物資の優先配給をうけたい、といい出す。鉄やそのほかの物資の優先配給を受ければ、海軍はそれで米英との長期戦を戦いうると思ったのだろうか。

かれが決心変更をのべたとき、聞いていた沢本次官は、こう意見をのべた。

「何度考えてみても、大局として戦争は避けた方がよいという意見ですが、ではどうすべきかというと、直接的なよい方法がみつかりません。（アメリカが先制してくるかもしれぬという海相の所見については）想像はどのようにでもできますし、万般の考慮が必要であるとは思いますが、アメリカの国情として、議会にも諮《はか》らずに戦争することは、ありえないのではありますまいか。それまで心配しては、きりはありません」

嶋田は顔色を変えた。

「次官の保証がいくらあっても、何の役にも立たん。時機を失しないようにすることが大切である」

険悪な空気になったが、沢本は、さらりとかわして引っこんでいった。

「よく考えます」

この話、嶋田の気質を語って、あますところがないようである。

嶋田はここで、「決心」と題した覚え書きを認《したた》めた。

「一、極力外交交渉ヲ促進スルト同時ニ作戦準備ヲ進ム。
一、外交交渉ノ妥結確実トナラバ作戦準備ヲ止ム。
一、大義名分ヲ明確ニ国民ニ知ラシメ、全国民ノ敵愾心《てきがいしん》ヲ高メ、挙国一致難局打開ニ進マシムル如ク外交及ビ内政ヲ指導ス」

つまり、戦争決意のもとで外交と作戦準備を並進させようとするものだった。

「私は苦しんだが、やっと決心した。決心しなければしようがないじゃないかと思った。石油がなければ問題にならず、また作戦初動（第一撃）にどうしても成功しなければならないことは、私も軍令部に長く勤務していたので、よくわかっていた……しかし外交交渉は、戦争の大義名分が立つように、真面目にやるつもりだった」

かれは、のちにそうも語った。やはり嶋田は、軍令部系統の考え方から抜け出せなかったのだ。

「十二月初頭開戦」を決意

十二月一日午前九時から開かれた連絡会議は、二日午前一時半までかかった。

前夜、嶋田は

「いよいよ和戦を決する重大会議である」

と考えると、さすがに眠れなかった。大臣就任早々で、研究はまだ不十分だが、議案はそれまでにかならずや十分に検討をつくされたものであろうし、軍令部総長や陸軍側の説明を聞くと、情況まことにやむをえないものがあるようだ。

伏見元帥宮から、すでに諦めていると洩らされたことが、嶋田がひたすら殿下への尊敬を深くしていただけに、大きくかれの心を動かした。もしここで反対して大臣を辞めれば、内閣は潰れる。適当な後任者をうるのはむずかしく、この逼迫《ひっぱく》した時機、国家として大損失になる。また大臣就任のとき、伏見宮からいただいたお言葉にも反することになる。

嶋田は、そのように考え、決意を固めて会議にのぞんだ。

会議は東條首相の提案によって、このまま戦争せずに細々と耐えていくか、すぐに開戦を決意して戦争で解決するか、それとも戦争を決意しながら作戦準備と外交を並行してすすめるかの三案（選択肢）について検討した。

蔵相と外相（東郷茂徳）は、今後の苦痛を覚悟しても戦争はすべきでないと主張した。永野総長はこれにたいし、三年後は今よりもさらに戦略的に不利になり、勝てなくなる。

「戦機は今だ。今をおいてほかにない」

と叫んだ。

蔵相と外相はそれでも納得しなかった。「戦争」を考えれば納得できないのが当然であり、また「作戦」を考えれば、先に延ばせば延ばすほどアメリカは軍備大拡張の成果が出てきて強くなり、日本は勝てなくなる——今がチャンスだ、という結論になるのは自然であった。

日本の悲劇は、「戦争」と「作戦」とをはっきり区別し、「作戦」では勝っても、「戦争」

では勝てない以上、戦争してはならないのは当然ではないか、という識者をもたなかったことである。だから現実には、蔵相、外相は最後まで納得せず、やむなく討議を打ち切り、先へすすむよりなかった。

いつまで外交交渉をつづけるか、つまり外交交渉の期限を何日にするかでも、大揉めに揉めた。

嶋田が伊藤軍令部次長に向かって、

「どうかね、作戦発起の二昼夜くらい前まではよいだろう」

とたずねると、聞きとがめた参謀次長の塚田攻(陸大26)中将が真っ赤になって怒鳴った。

「黙っていてください。そんなことはだめです。外相の必要とする期日とは何日か」

大激論になった。こうなったら、頭を冷やすほかない。二十分間休憩。その間に、陸海軍とも作戦部長を呼んで協議し、ギリギリ十一月三十日まではよいことにした。

東郷外相は、しかし一日でも長く外交をやらせたいと、「十二月一日まで」を提案した。

「絶対にいけない。十一月三十日以上は絶対にいかん」

と塚田がえこじになるのを、嶋田が引きとった。

「塚田君。十一月三十日は何時までだ。夜十二時まではよいだろう」

「夜十二時まではよろしい」

ようやく、一応の結論が出た。

「戦争を決意する。戦争発起は十二月初頭。外交は十二月一日午前零時までとし、それまでに外交が成功したら戦争発起を中止する」

しかし、永野といい、嶋田といい、あるいは及川といい、このときの海軍軍令、軍政のトップは、座をまるくおさめることが、なんと上手な人たちだったのだろう。それだからこそ、がむしゃらに戦争に持ちこもうとする陸軍と大喧嘩もせず、大騒動も起こさずに結論に持ちこむことができたのであろう。

もっとも、波風を立てず、「上手に」事を収めようとすれば、しょせんは戦争への大傾斜は避けられず、中国でのながい、底なしの消耗に疲れた日本を、さらに何年かかるかわからぬ、相手を直接的に屈服させる手段のない長期戦に引きこむことになるのであった。

「どうして日米戦争を、ああも陸軍はやろうとしたのか」

戦後の問いに、参謀本部の作戦の中枢にいた服部卓四郎（陸大42恩賜）大佐は答えた。

「ドイツが勝つと思った。また、船舶があれほど沈むとは思わなかった」

陸軍の戦争観にも原因があった。陸軍が体質として「主戦派」であったことは前にものべたが、たとえば参謀本部第一部長田中新一中将は、

「日本はいま世界戦争に突入しつつある」

という認識に立っていた。そして、その世界戦争で決定的意義を持つのは、対ソ戦と対支戦、つまり戦局の焦点はアジア大陸にあって、太平洋にあるのではない、と判断していた。

そうだとすれば、南方作戦は、陸軍にとって武力処理という、一種の局地作戦になる。局地作戦とすれば、それだけウェイトも軽くなる。

しかも、対米戦は、作戦は海軍に一任するという考え方であった。海軍に一任するわけだから、遠く大陸に立っていて、局地戦的南方作戦を片手間で用意しながら、

「海軍は何をぐずぐずしているのか。武力処理的、早く日米戦争をはじめろ」

と大声をあげて急がせていればよいことになる。そして陸軍としては、対ソ作戦、対中国作戦をもっぱら考えていればよいのである。

もっとも、陸軍にとって、南方作戦は資源的には決定的な重要性を持つので、その点、戦局から目を離さず、いつも抜け目なく動き、押さえるものを押さえればよいわけである。

塚田参謀次長によれば、連絡会議は、

「長期戦になっても大丈夫戦争を引き受けるという者がなく、さりとて現状維持でゆくのは不可であり、だからやむなく戦争する」

という結論に落ちついた。

そして、十一月一日、「帝国国策遂行要領」を決定し、対米交渉要領として、甲、乙二つの案をきめて、幕を閉じた。

甲案は、それまで日本が主張してきた条件を、さらに譲りうるかぎり譲って整理したもので、三国同盟問題、駐兵問題はそのまま譲らず、ハル四原則、中国の通商の門戸開放と機会均等について多少の譲歩をみせていた。

乙案というのは、突然、東郷外相が提案したもので、外務側で作製した代案。狙いは南部仏印進駐軍を北部仏印に移駐させ、情況を資産凍結前に引き戻そうとするにあったが、陸軍

が猛反対をした。ふたたび途中で十分間の休憩を入れなければならぬほどの激論になったが、だからといっていま外相に辞められ、内閣総辞職となったらもっと困るという認識があり、陸軍は憤激のあまり蒼白になりながら、乙案に賛成せざるをえなかった。

そして、翌十一月二日午後五時、東條首相は杉山、永野両統帥部長とともに参内して、討議の経過と結論を奏上、そのとき東條の上奏は、声涙ともに下るふうであったという。三日には、両統帥部長が作戦計画を上奏、四日には軍事参議官が宮中に集まって討議し、五日には御前会議が開かれた。

会議で御説明に立った鈴木企画院総裁の結論部分のなかに、このときの関係者が戦争と国力とをどう考えていたかを知る資料があるので、抜き出しておく。

「コレラ要シマスルニ、支那事変ヲ戦ヒツツ更ニ長期戦ノ性格ヲ有シマスル対米英蘭戦争ヲ行ヒ、長期ニワタリ戦争ノ遂行ニ必要ナル国力ヲ維持増強イタシマスコトハナカナカ容易ナコトデハナク、万一天災ナド不慮ノ出来事デモ起コリマスレバ、マスマス困難ノ度ヲ増シマスコトハ明ラカデアリマス。シカシ、緒戦ニオケル勝利ノ確算ガ十分アリマスルノデ、コノ確実ナル戦果ヲ活用シ、他方、一死モッテ国難ニ赴カントスル国民士気ノ高揚ヲ、生産各部面ハモチロン消費ソノ他各般ノ国民生活ノ部面ニ展開イタシマスルナレバ、タダ座シテ相手ノ圧迫ヲ待ツコトニ比シマシテ、国力ノ維持増強ノ上ニ有利デアルト確信イタスノデアリマス……」

長期戦を戦いうる国力を保ちつづけることはむずかしい。ただ戦果を収めることで優勢を維持し、一方で国民の協力をえつつ努力してゆくという考え方は、ちょうど一本の丸木橋をわたるのも同然である。作戦部隊と生産部門は、一瞬の気の緩みも許されない情況であると指摘しているが、このような貴重な判断が示されていたというのに、なぜ、せめて海軍部隊だけでも、詳しく知らされなかったのだろう。もしそれが知らされ、とくに作戦計画立案者たちが十分慎重な姿勢を崩さずにいたならば、あるいはミッドウェー海戦の惨敗はなかったであろうに。

アメリカ政府が、外務省暗号の解読という圧倒的な対日優位を活用し、日本をあやしながら、アメリカ陸海軍の戦備が整うまで、極力開戦の日を引き延ばしてきたことは、すでにのべた。

日本陸軍流にいえば、ルーズベルトは日本にたいし、日華事変拡大のころから懲らしめのための「戦争決意」はしていたが、「開戦決意」をするまでにはいたっていない。「開戦決意」をしなければ、うかつには踏みこめない「対日資産凍結」を、日本軍の南部仏印進駐を見て断行した。そのあと石油の対日禁輸を打ち出して、やるならやってみろ、という姿勢もあらわにした。

といって、あの弱く脆い持たざる国・日本が、強大なアメリカに戦争をしかけるとは、かれらには信じられなかった。経済制裁を積み重ねてゆけば日本は和解を求めてくるだろう。もし日本が軍隊を動かしたにしても、フィリピン、シンガポール、そして蘭印までがせいぜいであり、それ以上の力はないと判断していた。

かれらは、その場合、アメリカ議会と国民を、どうしたら参戦を決意するまでに誘導してゆけるかに、頭を痛めていた。

イギリスの危機は、スピットファイアー戦闘機の奮戦でドイツ空軍機を撃退した日を境に、着実に薄らぎ、独ソ戦争がはじまってからは、戦勢に明るさが増しつつあった。が、ルーズベルトは、イギリスを救い、ナチを倒すには、どうしてもアメリカが参戦し、陸軍部隊、空軍部隊をヨーロッパに送りこむことが必要だと確信していた。

しょせん、ルーズベルトには大西洋が表門であり、太平洋は裏門にすぎなかったのである。

このあと十一月二十六日、ハル国務長官が野村大使と、急いでワシントンに応援に駈けつけてきた来栖三郎特命全権大使の来訪を求めた。その席で、かれは日本のいわゆる乙案には同意できないと回答し、対案として十ヵ条のハル・ノートを手渡したが、それまでの日米交渉の紆余曲折は、日本にとって息づまるほどのものであった。

日米戦ってはならぬとの悲願を達するために努力をつづける野村大使と、早期開戦の統帥部と陸軍の焦燥と、天皇と海軍首脳の戦争回避希望との狭間に立たされた東郷外相の苦悩。それと、暗号解読によって日本の腹を見透かしながら、日本を「あやし」つづけるアメリカ政府。

——といっても、「マジック」情報の「質」は、実際問題として奇妙なものが多かった。極秘裡に作業せねばならない解読と翻訳者の力不足と早のみこみのため、原文の意味をしばしばとり違え、主眼点を脱落させ、ないし見誤って、訳文と原文とが大きく食い違った内容になっていたものがいくつもあった。その程度のものであったのに、ハル長官たちは解読の訳文を正しいものと信じこみ、その結果、日本が二枚舌を使い、狡猾な人間ぞろいのように思いこんで、決定的な対日不信感を抱いた。不信感がキメ手になるのは戦争だけではないが、戦争では、そのために日米の多くの人命が失われる――事は重大である。

「ジャップにはノートを送ったよ。私はもう手を洗った。あとは君とノックスの問題だ」

スチムソン陸軍長官からの電話に、ハルはそう答えた。外交交渉は終わった。あとは陸軍と海軍にバトンを渡すとの意だが、それにしては、言葉の調子が、ふつうとすこしも変わっていなかった。スチムソンがそれを意外に感じたと回想しているほどであった。

つまりハルは、そうはいったものの、日本がハル・ノートを見て直接アメリカに戦争をしかけてくるとは思っておらず、戦争をはじめるにしても、タイか、あるいはシンガポール、ないし蘭印侵略に向かうと判断していたからにちがいない。

念のために、ここでハル・ノートのキー・ポイントをのべておく。

「一、ハル四原則を承認すること。

二、㈠日英米ソ蘭支泰の間で相互不可侵条約を結ぶ。㈡日英米蘭支泰の間で仏印不可侵と仏印での経済上の均等待遇協定を取りきめる。㈢支那と全仏印からの日本軍の全面撤兵。㈣日米両国間で支那では蒋政権以外の政権を支持しない確約。㈤支那での治外法権と租界の撤廃。㈥最恵国待遇を基礎とする日米間互恵通商条約を結ぶ。㈦日米相互凍結令解除。㈧円ドル為替安定。㈨日米両国が第三国との間に結んでいる協定はこの協定と太平洋平和維持の目的に反しないこと（三国同盟骨抜き）」

「真珠湾攻撃」を調べあげた歴史家ジョン・トーランドによると、㈢項にいう「支那」には満州は含まれず、だいいちハルは最初から日本による満州国の放棄など考えていなかったという。

実は、その前（十一月二十日）、ルーズベルト自身がメモをした骨子をもとに、日米の暫定協定案がつくられていた。

一、平和的政策を日米両国がお互いに宣言する。

二、武力もしくは武力の威嚇《いかく》によって、日米両国はさらに太平洋地域に進出することはしない。

三、日本軍を南部仏印から撤退させる。なお北部仏印の兵力を二万五千名に減少させる。

四、日米通商を再開させる。石油は、民需用にたいして月割り制で供給する。

五、日本が平和、法、秩序および正義の四つの原則によって蔣介石と交渉することを望む。

ルーズベルトの真意は、さらに時をかせぐのが主な動機だったというが、ハル・ノートなどとは比較にならないソフトな手ざわりのものだった。

ところが、この案を見せられた中国が怒った。

「アメリカは中国を犠牲にして日本に譲歩しようとしている」

と強く抗議してきた。イギリスからも日本に石油を渡すなどもっての外で、日本に仏印からの全面撤兵と中国での作戦を中止させるべきだと談判してきた。そして二十五日夜にはチャーチル首相から、

「中国が崩壊したら、米英にとんでもない危険がふりかかってくるだろう」

と電報で再考を求めてきた。

その日、ホワイトハウスでは最高軍事会議が開かれ、ルーズベルトは、席上、

「日本人は事前の警告をせずに奇襲することで悪名が高い。もしかすると来週月曜日——十二月一日——日本は攻撃を開始するかもしれない」

といいだした。この言葉は「アメリカは日本に攻撃されるかもしれない」であったとも伝えられ、そうだとすると、「日本はアメリカを直接攻撃してはこない。タイ、マレー、フィリピンのどこかに進攻するだろう」とした前記の判断が、どの時点で直接攻撃に変わったかが気になるところである。

そしてその日（日本時間の二十六日）、符節を合わせたように、エトロフ島のヒトカップ湾から、南雲忠一中将の指揮する機動部隊——空母六隻を中核とする艦船三十一隻がハワイを目指してすべり出した。

二週間前（十三日）、岩国航空隊での連合艦隊最後の作戦打ち合わせの席で、山本長官は、

「攻撃開始前、日米交渉が妥結した場合には引き返せを命ずるから、その心組みでいてもら

いたい。ハワイ空襲のための攻撃隊が発艦したあとでも、引き返させるよう……」

と苦渋をふくんだ表情で命じた。

ハワイ攻撃を、きわめて危険で、かつ投機的な暴挙だと反対してきた南雲が、

「それは実際問題として不可能です」

と言下に反発した。

山本は怒った。

「百年兵を養うのは、なんのためだと思っているのか。もしこの命令を受けて帰ってこられないと思う指揮官があるなら、ただいまから出動を禁ずる。即刻、辞表を出せ」

そんなに怒った山本を見たのは、みなはじめてだったが、そのくらい山本は、最後の最後まで日米外交交渉の妥結によって戦争を回避することを熱望していた。

米内、山本、井上の三羽烏は、平沼内閣総辞職でそれが解消されるまでの約二年間、三国同盟を結べばアメリカと戦争になると見通し、陸軍の猛反撃を向こうに回して徹底的に反対しつづけた。

そのあと山本は、連合艦隊長官として海上に出ると、中央に声が届きにくくなったが、それでもかれは、機会あるたびに中央にゆき、永野総長や及川、嶋田両海相に会い、あるいは手紙に托して戦争回避への訴えを怠らなかった。

「個人としての意見と正確に正反対の決意を固め、その方向に一途邁進《まいしん》の外なき現在の立場は誠に変なものなり。これも命というものか……」

十月十一日、心友の堀悌吉中将にあてた手紙のこの一節は、悲痛を通り越して哀切でさえある。

「……大勢はすでに最悪の場合に陥りたりと認む。山梨（勝之進大将）さんではないが、これが天なり命なりとはなさけなき次第なるも、いまさら誰がよいの悪いのと言ったところではじまらぬ話なり。

独り至尊をして社稷《しゃしょく》を憂えしむるのみの現状においては、最後の聖断のみ残されおるも、それにしても今後の国内はむつかしかるべし」

山本は、日本を考えていた。アメリカに石油と鉄を依存し、その経済圏にあって生存していた国が、アメリカに敵対してそれらの供給を断たれ、しかもそのアメリカと長期戦を戦うのは狂気の沙汰ともいうべきだが、いまはもう国をあげて狂気の道を走っているとしかおもわれなかった。

この山本の苦悩は、おかしなことに、おなじように国を思い、祖国を守るために命を捧げて戦おうと決意している連合艦隊各司令長官たちとは嚙み合っていない。

「出かかった小便をとめろというようなものだ」

などと、あまりにも矮小《わいしょう》な、なにやら鬱憤を晴らそうとする気配さえ感じられる言葉を吐く始末だ。

岩国航空隊の会合で、山本が激怒するのもむりはなかった。

ハル・ノート

十一月二十七日、ハル・ノートを受け取った日本政府首脳も激怒した。

松岡元外相流の力の外交——独伊との軍事同盟によって力を誇示し、その力を背景として対米交渉にのぞみ、アメリカに日本の東亜新秩序政策と主張を認めさせようという構想は、いま、最後の段階にいたって挫折した。挫折したことを認めざるをえなくなった。

井上成美は、松岡構想を「痴人の夢」だといった。だが、陸軍は、松岡と思想傾向をおなじくするのか、松岡が詰め腹切らされたのちも、独ソ開戦などで松岡構想が崩壊したのちも、なおその方向に向かって力の外交をプッシュしつづけた。その結果としての今日であった。

ところが、おどろいたことに、主戦論者たちは、逆に勢いづいた様子だった。

田中参謀本部一部長は、のべる。

「ハル・ノートが、日本のため、あたかも好機に接到したことは、むしろ天佑といえる。このような挑戦的な文書をつきつけられては、東郷外相、賀屋蔵相も、もはや非戦的立場を固持しえなくなるであろう。これで国論も一致するであろう。陛下の御納得もこれでいただけよう。

要するに来るべきものが来たのだ。統帥部長以下何も驚くことはなかった。既定の開戦方針の貫徹のためには、情勢はこれで一挙に好転したのだ。むしろ肩の重荷が一応おりたような感じだ」（田中回想録）

宇垣纒連合艦隊参謀長も、

「帝国の主張するところは一も容るるところなく、米国本来の勝手なる主張に、各国の希望条件さへ多分に織りこまれあり。いまさら何の考慮や研究の必要あらん。米国をやっつける外に方法なし。これだけ言ひたき事を主張せられては、外交官はもとより、いかなる軟派も一言の文句もあるまじ。明瞭にして可なり、といふべきであらう。呵々」（十一月二十九日付『戦藻録』）と快哉を叫んだ。

東郷外相は、

「目もくらむばかりの失望に打たれた。米国の非妥協的態度は、かねてから予期したことではあるが、その内容の激しさには少なからず驚かされた」

といい、前記のハル・ノートの第二条㈠㈡㈢㈣㈤㈨などの要求が、六月二十一日付の米国案とくらべて、どれほどそれまでの交渉経過を無視した強硬なものであるかを指摘していた。しかし今日、そのころのアメリカ政府の内情が、当時ハル国務長官が暗号解読によって日本政府の肚《はら》を知ったほどにわれわれも知ることができるようになり、あらためて当時を組み立て直してみると、東郷外相がアメリカの論旨が一貫しないのに驚いた理由が、ほぼ推察できそうである。

かれらは時をかせぐのに懸命であった。論旨が一貫しようとしまいと、問題ではなかった。もともと日本のいうところをそのまま呑む気など、毛頭なかった。ただ海軍は四万二千トン新戦艦が、現有のノースカロライナとワシントンのほかに、十七年三月にはサウスダコタ、四月にインディアナ、五月にはマサチューセッツ、八月にはアラバマが就役する。正規空母では、レキシントン、サラトガ、エンタープライズ、ヨークタウン、ホーネットがさしあたり健在で、エセックス型（「翔鶴」級）五隻、インデペンデンス型軽空母（「飛龍」級）五隻が建造を急いでいる。せめてあと三ヵ月待ってくれという。

一方、陸軍は、はじめフィリピンは捨てる計画でいたところ、最近英本土からのドイツ本国爆撃に、新鋭機B17（〝空の要塞〟）がおどろくべき成功を収めたことから、これをフィリピンに使おうと考え直した。たまたまフィリピン軍司令官マッカーサー将軍が強気なので、B17部隊を急速配備することに改め、そのためにあと三週間ほしいと強く要求した。

そんなことで、ハル国務長官が予定していたであろう最終的段階《ショー・ダウン》までのスケジュールが、いろいろ変わったのであろう。

そこに、三十隻から五十隻の大船団が台湾南方海上にいるという急報が入った。二十五日夕刻である。

翌日この情報を聞いたルーズベルトは、激怒した。スチムソン日記にいう。

「ルーズベルトは宙にとびあがらんばかりに怒り、一方で中国からの撤兵を交渉しながら、他方で仏印に兵力を送るとは背信もはなはだしい。これで情況は変わった、といった」

それでいて、ルーズベルトは、その翌二十七日、来訪した野村、来栖両大使に、

「私はいまもなお、日米関係が平和的妥結に達することに、大きな希望をもっている」

などと、にこやかに語っていた。

さすがに、たいした役者であった。

ニイタカヤマノボレ一二〇八

ヒトカップ湾を出撃し、一路東へ、スクリューの一旋ごとにハワイに接近していく南雲部隊に象徴されるように、日本とアメリカは、一本のレールの上を、洋心の激突点に向かって太平洋の西と東から走りだした。巨大国アメリカに立ち向かう南雲部隊首脳は、緊張と高揚と不安にカチカチになり、一方、アメリカは、自身にたいしては過大評価、日本にたいしては過小評価しつつ自信に充ち、なんとか日本が第一撃を加えてくるように誘導しつづけていた。

十一月二十七日、大統領は、参謀総長と作戦部長からの、それぞれフィリピンとハワイに最終的警戒令を発する提案に同意した。

陸軍部隊へ。

「日本の敵対行動はいつ起こるかもわからない。もし敵対行動が避けられないとすれば、アメリカは日本が最初のあからさまな行動に出ることを望んでいる。偵察その他必要とする手段をとれ」

太平洋艦隊（ハワイ）とアジア艦隊（フィリピン）へ。

「本電をもって戦争警告とみなすこと。日米交渉はすでに終了した。日本の侵略行動がここ数日以内に予想される。日本軍はフィリピン、タイまたはクラ地峡（マレー）、もしくはボルネオにたいして行動するものと判断される。適切なる防衛措置をとれ」

十一月三十日付、東郷外相から大島駐独大使にあてた暗号のマジックによる解読文を、ハル長官は、十二月一日に見た。

「武力衝突によって、日本と米英間に戦争が突発する重大な危険があることを、ヒトラーとリッベントロップにごく内密に伝え、戦争突発の時機は意外に早いかもしれぬことを付け加えられたい」

日本時間の十二月一日には、御前会議が開かれた。いよいよ引き返しえない、いまとなっては自衛のために起たざるをえない窮地に追いこまれたことを意識されたのか、天皇はそれより前、重臣を集めて広く意見を聞きたいと希望され、二十九日には宮中で東條首相から重臣に事態の説明をおこなった。

この時天皇の御下問をうけた米内は、のちに有名になった言葉でお答えしている。

「資料を持ちませんので、具体的な意見は申しあげられませんが、俗語を使いまして恐れいりますが、ジリ貧を避けようとしてドカ貧にならないように十分に御注意を願いたいと思います」

重臣のなかの海軍出身者は岡田啓介大将と米内大将の二人だった。その二人とも、長期戦になった場合の持久力、とくに物資の補給能力に大きな懸念を見せ、戦争反対の意見を申しあげた。

だが、ここまできた流れをせきとめることはできなかった。

十二月一日の御前会議では、とくに全閣僚を出席せしめられ、「対米英蘭開戦ニ関スル件」を審議され、決定された。

それを待っていたようにして、大本営海軍部命令（大海令）第九号が、勅を奉じた永野総長から山本連合艦隊長官に下達された。
一、帝国ハ十二月上旬ヲ期シテ米国、英国及蘭国ニ対シ開戦スルニ決ス
二、連合艦隊司令長官ハ在東洋敵艦隊及航空兵力ヲ撃滅スルト共ニ敵艦隊東洋方面ニ来攻セハコレヲ迎撃撃滅スヘシ……。
そして翌二日、大海令第十二号で、武力発動の時期を発令された。
一、連合艦隊司令長官ハ、十二月八日午前零時以後大海令第九号ニ依リ武力ヲ発動スヘシ……。
「ニイタカヤマノボレ一二〇八」

——X日ヲ十二月八日トスとの電報が山本長官から発信されたのは、その日、二日の午後五時半であった。

そのとき機動部隊は、アリューシャン列島の真南はるか洋心を東に向かい、ハワイ沖まで、あと五日の航程をあますだけの地点を走りつづけていた。

そのおなじ日（ワシントン時間で一日）、スターク作戦部長は、ルーズベルトの意をうけてアジア艦隊長官に命令した。

「大統領命令。本命令受領後二日以内に速やかに左のとおり実施すべし。

㈠、小型船三隻を徴用し、防衛的情報哨戒隊を編成す。
㈡、少なくとも指揮官たる海軍士官一名と小型火器（機銃にて可）を備え、米国軍艦としての表示をすること。
㈢、南支那海およびシャム湾における日本軍の行動を監視し、無線報告を行なう。このため最小限の米水兵およびフィリピン人乗組員を雇用することを得。……」

もとレジャーヨットであったイザベラは、墜落した飛行機を捜索すると称して仏印海岸に向け出港、三インチ砲四門、機銃四を備え、十二月五日には日本海軍機に発見された。日本機は、なんども上空を旋回して偵察していたが、幸か不幸か、何事も起こらなかった。

もう一隻のラニカイは、二本マストの帆船だった。機関砲と機銃と二週間分の食糧を積み、イザベラと交替するためマニラから出港しようとしたが、出港直前に真珠湾攻撃の報を聞き、出港を中止した。

この奇怪な大統領命令は、何を狙っていたのか。

ラニカイで出港するはずだった指揮官トリー大尉は、戦後、

「あの行動は日本を戦争に引きずりこむためのワナだったにちがいない」

と語った。またかれは、当時のアジア艦隊長官ハート大将から、

「ラニカイがおとりだったことは認める。証拠はあるが見せない。これ以上の詮索はやめてくれ」

ともいわれたという。

著名な海軍軍事評論家ハンソン・ボールドウィンも、これが日本を戦争に誘いこむおとりだった、と分析している。

「ルーズベルトは、当時の何百万人のアメリカ人とおなじように、アメリカの国家利益を守るために参戦すべきだと考えていた。だから、それに反対する国民がかなり多かったのを、日本に第一撃を加えさせることによって説得しようとしたのである」

日本海軍機が慎重で、その手に乗らなかったわけだが、十二月二日に、すでにルーズベルトが日本に戦争をしかけてきていたことは、記録しておく価値があろう。

戦後、それも年が過ぎるにつれ、「真珠湾はルーズベルトがヨーロッパ戦争（第二次大戦）にアメリカを参戦させるために仕掛けたワナであり、キメル太平洋艦隊司令長官やショート・ハワイ方面陸軍部隊司令官はそれを隠蔽するために仕立てられたスケープゴートであった」

という分析が、力を得てきたようにみえる。

だが、「これが真実だ」といえるほどの結論にいたるのは、まだ容易ではないだろう。

それにしても、すでに戦争を決意していたルーズベルトが、「裏門」から日本に第一撃をかけさせるために仕掛けたラニカイ問題は、注目する価値がある。満州や北支や上海などの局地で紛争をひきおこした日本軍の謀略など足もとにも寄れぬほどスケールの大きい謀略ではなかったか。国と国、国家群と国家群、いや、ごくわずかな中立国を除いて、世界中を動乱に巻きこむほどの大謀略を「成功」させた人物の発想の方向を、これは暗示しているようにみえる。

ルーズベルトは、大統領選挙で、アメリカの青年たちを戦場に送るようなことはしないと、繰りかえし繰りかえし公約してきた。議会は、孤立主義者、非戦論者、反ルーズベルト派が勢力をふやし、いっそう操縦がむずかしくなっていた。そして国民は、ルーズベルト個人を支持する者こそ多かったが、戦争には反対であった。ルーズベルトは、そんなアメリカを戦争に引きこんで、イギリスを救い出すと同時に、ヒトラーを倒して枢軸の背骨を折り、自由陣営の勝利をかちとらねばならなかった。

のちにスチムソン陸軍長官が、軍事補佐官ハリソン少佐にむかい、

「真珠湾がなかったら、アメリカを戦争させることは絶対に不可能だったね」

と回想した。真珠湾攻撃の重味を、これほどよくいいあらわした言葉はない。

あるいはそれは、シオボールド、トーランド両氏たちのいうように、犯罪行為になるかもしれない。陰謀、謀略——といえるかもしれない。しかしアメリカは民主国家である。平和国家でもある。先に戦争をしかけるわけにはいかない。受け身でなければならないのである。

しかも、それには、日本からハワイまで五千五百キロの長丁場を、かずかずの危険をおかし、航海の困難をおして大空母部隊が隠密行動し、真珠湾軍港を強襲しなければならない。

当時の通念からは、とうてい考えられない暴挙であった。

「日本がタイ、蘭印、クラ地峡を攻撃しただけではアメリカは開戦しない。だが日本は、や

がて軍事行動を拡大する。そのときにはわれわれは戦う」とルーズベルトは一年前（一九四〇年）に言っていたが、そんなかたちになるのが戦争の常識というものだった。

ところが、かれは、思いがけない幸運に恵まれる。すでにのべた外交暗号の解読成功である。それ以後、ルーズベルト大統領、ハル国務長官、マーシャル参謀総長、スターク海軍作戦部長、スチムソン陸軍長官たちは、スチムソンが日記に書いた、

「日本が計算違いをし、まず最初に取り返しのつかぬこと――あからさまな第一撃を加えてくるよう、外交的に仕向けられるかどうかが大事で、われわれは細心の注意を払うべきだ」

といったほどの、そんな神様ででもなければできるはずのないことを、「マジック」を見い見い、現実に、実際にやってゆく。しかも、こともあろうに、結果としてそれに成功するのである。

真珠湾に、開戦早々に日本軍が攻めてくる、ということは、アメリカ側には事前に、十分な余裕をもってわかったはずである（実際にはわからなかった、というが）。ハル国務長官が、

「やるならやってみろ」

と腹をくくって提示したいわゆるハル・ノートにたいする日本政府回答（最後通牒）の解読した交付指定時刻が午後一時で、それがちょうどハワイ時間の朝八時にあたること、さら

にハワイの日本総領事館電報の中に、日本軍が爆撃計画を立てるための資料を送らせているとひと目でわかるような内容のものが何通もあり、艦艇の真珠湾への出入りや空襲のさい障害になる防備の状況を報告した暗号電文が解読されていることなどをあわせて慎重綿密に研究すると、そうとしか思われないのだ。

だが——。かれらはそれにいたる以前の基本認識を誤っていた。日本海軍、とくに海軍航空の実力をいちじるしく過小評価し、反対にアメリカ陸海軍の実力をいちじるしく過大評価していた。ばかりか、飛行機、ことに組織化された大飛行機集団の戦力を正しく評価できず、真珠湾の防備までを過大評価して金城鉄壁と信じこんでいた。それ以上に、真珠湾は日本の攻撃にさらされない、いわば日本の呉や佐世保軍港のような内線部隊の安全な基地であるとして、たとえば日本の外交暗号（紫暗号《パープルコード》）を解読するに必要な「マジック」用の暗号機械も、前線のマニラには送りつけたがハワイには送らない、といった扱い方をした。

　飛行機、とくに哨戒用の脚の長い偵察機がたりない、遠距離爆撃機がたりない、要員がたりない、とキメル長官から苦情をいってきても、なかなか送らなかったし、送ったかと思うと、フィリピン、ウェーク、ミッドウェーなどの外線部隊に転送してしまった。

　そんなふうだったから、判断のきめ手になったはずのホノルル日本総領事館電報は、傍受してワシントンに送らせるところまでは決められたとおりに運んだが、そのあと解読しないままに放置し、解読しても重視せず、ワシントンの日本大使館電報に注意を集中して、ホノルル電はほとんどがトップに届かないままであった（という）。

したがってかれらは、戦争の危険が迫っていることには警戒し、用心を怠らなかったが、「日本が開戦と同時に真珠湾攻撃にくる」と確信をもつにはいたらなかった。

つまり真珠湾は、完全に不意を打たれ、思いもよらぬ大損害を受けて、呆然自失することになるのである。

――「虚」を衝かれることのこわさを、真珠湾ほどはっきりとみせたものも、そうたくさんはないであろう。

「ルーズベルトがアメリカを欧州戦に参戦させるために日本にワナをかけ、それを隠蔽するために真珠湾の陸海両指揮官をスケープゴートにした」

という、いわゆる修正主義史観を主唱するロバート・シオボールド提督や歴史家のジョン・トーランドたちにたいし、それを、

「証拠のない仮定や確信に支えられた史観」

と批判する歴史学者ゴードン・プランゲ博士は、米軍における真珠湾の「虚」を、

「起こる可能性のある危険の内容についての知識と、その危険が存在しうると信じることとの間のギャップ」

といっている。表現は抽象的だが、結局、真珠湾を空襲されると危険だとは知っていたが、まさか空襲などされないだろうと思っていた、その「虚」を衝かれた、ということだろう。

それにしても山本連合艦隊長官の選択は、歴史として功罪を論ずる場合、判定は微妙なも

のにならざるをえない。

開戦劈頭、米太平洋艦隊主力部隊を一挙に壊滅させ、米海軍と米国民の士気をたたきのめしたことは確かで、山本作戦としては大成功だったが、それは山本が期待した「救うべからざるほどの大打撃」を与えたことにはならなかった。

最大の理由は、ワシントンの駐米大使館において日本自身が逆に「虚」を衝かれ、いわゆる最後通告文の暗号翻訳が遅れ、訳文を野村大使がハル国務長官に手渡すのが真珠湾攻撃開始の約一時間後になってしまったことだ。

誰の責任、ということではなく、事実として、日本は通告をせずに「だまし討ち」をしたことになった。

それを見逃がすルーズベルトではなかった。衝撃からわれにかえると、それを逆手に使い、「リメンバー・パール・ハーバー」を合言葉に、孤立主義者、非戦論者、反ルーズベルト運動家をひっくるめた全アメリカ国民を、

「打倒日本、打倒ヒトラー」

に結集させることに成功した。アンフェアを嫌うアメリカ人の国民性を、これ以上ない格好の起爆剤で爆発的に燃焼させることができたのである。

そればかりを心配して、南雲機動部隊が攻撃を開始する前にも後にも、何回も山本は藤井政務参謀に確認したが、さすがの山本も、駐米大使館内でそういう異常血行障害が起ころう

とは、予想もしていなかった。

十二月八日——

真珠湾攻撃成功の電報が、トラック環礁に停泊する四艦隊旗艦「鹿島」の司令部に入った。通信参謀飯田秀雄中佐が、自身で訳文を井上成美司令長官に届け、なんとなく胸いっぱいになり、

「おめでとうございます」

とつけくわえた。

じっと文字を追っていた井上は、無言でそれを通信参謀に返すと、こみあげてきたものを、

「ばかな——」

と吐き捨てた。

かれは、のち、十七年十月、海軍兵学校長になるが、そのときかれは、構内にある教育参考館という、生徒の精神教育の中心であり、東郷元帥の遺髪が安置してあるいわば聖域から、海軍大将の写真額を全部取り外させた。理由を聞かれて、かれは答えた。

「海軍大将のなかには、海軍のためにならないことをやった人もいるし、また、先が見えなくて日本を対米戦争に突入させてしまった、私が国賊と呼びたいような大将もいる。こんな人たちを生徒に尊敬せよとは、私にはとうてい言えない。また、館内に同居している、真珠湾攻撃の特殊潜航艇で戦死した若い軍人がたにもあいすまぬ——」

あとがき

なぜ太平洋戦争は、はじまったのか。

なぜ海軍は、戦争回避を希望しながら、開戦を阻止することができなかったのか。

——前著『四人の連合艦隊司令長官』で、海軍の作戦指導の実態を調べている間じゅう、その疑問が頭を離れなかった。

あるいは、海軍では、司令長官たちの場合同様、広い視野から見る総合的思考方法や行動様式に、何か欠点があったのではないか。あるいは、海軍の教育や人事行政に、何か誤りがあったのだろうか。幸い、軍令部にいた七年間に、私は米内、長谷川、永野、嶋田、及川、塩沢各大将などの副官をさせられたり、お伴を仰せつかったりして、いくらか大将たちの人となりに接する機会に恵まれた。そこで、これら大将たちの思考や行動をとおして、私の疑問について考えてみようとした。それが本書である。

いわばこれは、海軍の側から、海軍の目で追ったものである。太平洋戦争開戦にいたる歴史を包括的に展開しえたものではない。といっても、先入観によって事実の評価を誤ったり、曲げたりすることを努めて避けるため、できるかぎり直接資料——陸軍については陸軍側のソースから、政治やアメリカや中国についても同様それぞれのソースから求めるように心がけた。五十年近くも昔の話だから、以上の大将たちやその他の当事者たちも多くは故人になられ、直接お話が聞けなかったのは残念だったが。

この話をどこから始めるかについては、私は、さしあたり陸軍は満州事変、海軍は軍縮会議ということにした。どちらもそこから新しい歴史がはじまり、その上に事実が積み重ねられて、必然のようにして戦争になだれ落ちていったと思われるからである。

それにしても日本という国は、外に向かって——とくに英米に向かって門を閉ざしたら生きてゆけなくなる体質をもっているのだろうか。陸軍や松岡外相たちが、日満支ブロックを作り、英米をそこから追放しようとしたが、惨憺たる結果になった。明治維新では、開国派が勝を制し、あのきわどいところで日本は生き残り、発展することができたというのに。

——本書には、ずいぶん多くの方々の御教示や御力添えをいただき、また、防衛庁戦史部の公刊戦史をはじめ多数の図書、手記、メモ、テープなどを参照、引用させていただいた。ここに厚く御礼申しあげます。

吉田俊雄

参考文献＊豊田副武　最後の帝国海軍　世界の日本社＊福留繁　海軍の反省　出版協同社＊福留繁　史観真珠湾攻撃　自由アジア社＊高木惣吉　私観太平洋戦争　文藝春秋＊高木惣吉　太平洋海戦史　岩波書店＊高木惣吉　自伝的日本海軍始末記　光人社＊高木惣吉　高木海軍少将覚え書　毎日新聞社＊高木惣吉　太平洋戦争と陸海軍の抗争　経済往来社＊宇垣纒　戦藻録　原書房＊保科善四郎　大東亜戦争秘史　原書房＊富岡定俊　開戦と終戦　毎日新聞社＊山本親雄　大本営海軍部　白金書房＊源田実　真珠湾作戦回顧録　読売新聞社＊富永謙吾　大本営発表　青潮社＊石川信吾　真珠湾までの経緯　時事通信社＊現代史資料　日中戦争　みすず書房＊新名丈夫編　海軍戦争検討会議記録　毎日新聞社＊千早正隆　日本海軍の戦略発想　プレジデント社＊中村政則　昭和の歴史2　昭和の恐慌　小学館＊森正蔵　旋風二十年　鱒書房＊杉本健　海軍の昭和史　文藝春秋＊伊藤正徳　大海軍を想う　文藝春秋＊伊藤正徳　連合艦隊の最後　文藝春秋新社＊池田清　海軍と日本　中央公論社＊池田清　日本の海軍　至誠堂＊中堂観恵　宿命の戦争　自由アジア社＊大井篤　海上護衛戦　日本出版協同社＊服部卓四郎　大東亜戦争全史　原書房＊伊藤正徳　帝国陸軍の最後　文藝春秋＊渡部昇一　ドイツ参謀本部　中央公論社＊山高五郎　日の丸艦隊史話　千歳書房＊外務省編　終戦史録　新聞月鑑社＊矢野恒太（記念会）編　日本国勢図会　国勢社＊海軍大学校　海軍兵棋演習規則＊朝日新聞　朝日新聞に見る日本の歩み　昭和十二年より昭和十九年まで＊海軍砲術史　刊行会＊海軍水雷史　刊行会＊実録太平洋戦争1〜7　中央公論社＊東京12チャンネル報道部　証言私の昭和史1〜4　学芸書林＊米戦略爆撃調査団　証言記録・太平洋戦争史　日本出版協同社＊福井静夫　日本の軍艦　出版協同社＊内藤初穂　海軍技術戦記　図書出版社＊巌谷二三男　中攻　原書房＊宇垣一成日記　みすず書房＊近衛文麿　失はれし政治　朝日新聞社＊木戸幸一　木戸幸一日記　東大出版会＊蒋介石秘録11 12 13　サンケイ新聞社＊勝田竜夫　重臣たちの昭和史　文藝春秋＊実松譲　米内光政　光人社＊実松譲編　海軍大将米内光政覚書　光人社＊阿川弘之　米内光政　新潮社＊実松譲　最後の砦・吉田善吾　光人社＊高木惣吉　山本五十六と米内光政　文藝春秋＊三和義男　山本元帥の想出　手記＊阿川弘之　山本五十六　新潮社＊井上成美伝　井上成美伝記刊行会＊宮野澄　最後の海軍大将・井上成美　文藝春秋＊長谷川清伝　刊行会＊草柳大蔵　特攻の思想——大西瀧治郎伝　文藝春秋＊海軍中将中沢佑　刊行会＊伊藤正徳　人物太平洋戦争　文藝春秋＊半藤一利　人物太平洋海戦　オリオン出版＊秦郁彦　昭和史の軍人たち　文藝春秋＊山梨勝之進　歴史と名将　毎日新聞社＊塩原時三郎　東條メモ　ハンドブック社＊横山一郎　海へ帰る　原書房＊中山定義　一海軍士官の回想　毎日新聞社＊証言の昭和史　太平洋戦争（前）　学習研究社＊海軍省編　山本権兵衛と海軍　原書房＊島田謹二　アメリカにおける秋山真之　朝日新聞社＊豊田穣　波まくらいくたびぞ——南雲忠一　講談社＊寺島健伝　刊行会＊提督小沢治三郎伝　刊行会＊吉田満　提督伊藤整一の生涯　文藝春秋＊野村吉三郎　米国に使して　岩波書店

＊寺平忠輔　日本の悲劇・蘆溝橋事件　読売新聞社＊緒方竹虎　一軍人の生涯　文藝春秋社＊昭和史の天皇　読売新聞社＊今村均　今村均回顧録　芙蓉書房＊堀場一雄　支那事変戦争指導史　時事通信社＊水交座談会記録（テープ・メモ）　水交会　談話者――保科善四郎　野元為輝　矢牧章　大西新蔵　栗原悦蔵　小島秀雄　久保田芳雄　横山一郎　松田千秋　末沢農政　中堂観恵　山口捨次　有田雄三　浜田祐生　牧野茂（技術）　榎本隆一郎　稲葉柾（主計）　谷恵吉郎（技術）　末國正雄　金井泉（軍医）　有馬玄（軍医）　坂本義鑑（技術）　吉井道教＊防衛研修所戦史室　〝戦史叢書〟朝雲新聞社　大本営海軍部大東亜戦争開戦経緯1・2　大本営陸軍部大東亜戦争開戦経緯1・2・3・4・5　大本営海軍部・連合艦隊1（開戦まで）　海軍軍戦備1・2　海上護衛戦　海軍航空概史　防衛研修所／明治・大正・昭和における政治と軍事の関係に関する考察　海幹校／近代戦略の創始者たち　海幹校／戦略情報作成の基本原則　陸自調査学校　日本陸海軍の情報＊影山昇　海軍兵学校の教育　第一法規出版社＊豊田穣　江田島教育　新人物往来社＊鎌田芳朗　山本五十六の江田島生活　原書房＊鎌田芳朗　海軍兵学校物語　原書房＊実松譲　海軍大学校教育　光人社＊陸軍士官学校　刊行会＊上法快男　陸軍省軍務局　芙蓉書房＊上法快男編　陸軍大学校　芙蓉書房＊外山操編　陸海軍将官人事総覧（海軍篇）　芙蓉書房＊外山操編　陸海軍将官人事総覧（陸軍篇）　芙蓉書房＊プレジデント編　海軍式マネジメントの研究　プレジデント社＊プレジデント編　戦訓特集　プレジデント社＊A・J・トインビー　歴史の教訓　岩波書店＊R・C・K・エンソー　第二次世界大戦史　岩波書店＊J・C・グルー　滞日十年　毎日新聞社＊W・チャーチル　第二次世界大戦回顧録7　毎日新聞社＊ウルシュワルツ　アメリカの戦略思想　読売新聞社＊H・ファイス　真珠湾への道　みすず書房＊J・E・コーヘン　戦時戦後の日本経済　岩波書店＊G・プランゲ　トラトラトラ　リーダーズダイジェスト社＊J・トーランド　真珠湾攻撃　文藝春秋＊毎日新聞編　太平洋戦争秘史　毎日新聞社＊D・カーン　暗号戦争　早川書房＊R・W・クラーク　暗号の天才　新潮社＊W・J・ホルムズ　太平洋暗号戦史　ダイヤモンド社＊J・C・ファーヘイ　米海軍艦艇航空機一覧＊E・M・ザカライアス　日本との秘密戦　日刊労働通信社＊S・E・モリソン　第二次大戦米海軍作戦史　リトル・ブラウン社＊W・カリグ　戦闘報告　ラインハート社＊別冊文春　日本陸海軍の総決算　文藝春秋新社＊歴史と人物　太平洋戦争と日本海軍　中央公論社＊歴史と人物　太平洋戦争　中央公論社＊歴史と人物　日本海軍の実像　中央公論社＊人物往来　人物帝国海軍　人物往来社＊増刊文藝春秋　目で見る太平洋戦争　文藝春秋＊週刊読売　日本海軍　読売新聞社＊週刊読売　日本陸軍　読売新聞社＊文藝春秋　司馬遼太郎・瀬島竜三　昭和国家と太平洋戦争＊雑誌　東郷　大井篤「『大東亜戦争開戦経緯』海軍側版なる」　内田一臣「及川海相と非戦」　井星英「ルーズベルト大統領は知っていた」

文庫本　昭和六十一年八月　文藝春秋刊

ＮＦ文庫

五人の海軍大臣

二〇一八年一月二十二日　第一刷発行

著　者　吉田俊雄

発行者　皆川豪志

発行所　株式会社　潮書房光人新社

〒100-8077　東京都千代田区大手町一-七-二

電話／〇三-六二八一-九八九一(代)

印刷・製本　モリモト印刷株式会社

定価はカバーに表示してあります

乱丁・落丁のものはお取りかえ致します。本文は中性紙を使用

ISBN978-4-7698-3047-4　C0195

http://www.kojinsha.co.jp

NF文庫

刊行のことば

第二次世界大戦の戦火が熄《や》んで五〇年――その間、小社は夥しい数の戦争の記録を渉猟し、発掘し、常に公正なる立場を貫いて書誌とし、大方の絶讃を博して今日に及ぶが、その源は、散華された世代への熱き思い入れであり、同時に、その記録を誌して平和の礎とし、後世に伝えんとするにある。

小社の出版物は、戦記、伝記、文学、エッセイ、写真集、その他、すでに一、〇〇〇点を越え、加えて戦後五〇年になんなんとするを契機として、「光人社NF（ノンフィクション）文庫」を創刊して、読者諸賢の熱烈要望におこたえする次第である。人生のバイブルとして、心弱きときの活性の糧《かて》として、散華の世代からの感動の肉声に、あなたもぜひ、耳を傾けて下さい。